OHM大学テキストシリーズ　シリーズ巻構成

刊行にあたって

編集委員長　辻　毅一郎

　昨今の大学学部においては，学習指導要領の変化や環境・エネルギーなどのカリキュラムが多様化し，レベルの設定に年々苦心してきています．

　本シリーズは，このような背景をふまえて，多様化したカリキュラムに対応した巻構成，セメスタ制を意識した章数からなる現行の教育内容に即した内容構成をとり，わかりやすく，かつ骨子を深く理解できるよう新進気鋭の教育者・研究者の筆により解説いただき，丁寧に編集を行った教科書としてまとめたものです．

　今後の工学分野を担う読者諸氏が工学分野の発展に資する基礎を本シリーズの各巻を通して築いていただけることを大いに期待しています．

通信・信号処理部門
- ディジタル信号処理
- 通信方式
- 情報通信ネットワーク
- 光通信工学
- ワイヤレス通信工学

情報部門
- 情報・符号理論
- アルゴリズムとデータ構造
- 並列処理
- メディア情報工学
- 情報セキュリティ
- 情報ネットワーク
- コンピュータアーキテクチャ

編集委員会

編集委員長　辻　毅一郎（大阪大学名誉教授）

編集委員（部門順）

共通基礎部門	小川 真人（神戸大学）
電子デバイス・物性部門	谷口 研二（奈良工業高等専門学校）
通信・信号処理部門	馬場口 登（大阪大学）
電気エネルギー部門	大澤 靖治（東海職業能力開発大学校）
制御・計測部門	前田 裕（関西大学）
情報部門	千原 國宏（大阪電気通信大学）

（※所属は刊行開始時点）

OHM 大学テキスト

電気電子材料

伊藤利道 ―――――［編著］

Ohmsha

「OHM大学テキスト　電気電子材料」
編者・著者一覧

編 著 者	伊藤利道	（大阪大学）	［1章, 3・1［3］項～3・3節, 10・1～10・3節, 12・4節, 15・4, 15・5節］
執 筆 者 （執筆順）	吉門進三	（同志社大学）	［2・1～2・3節, 10・5節, 13・3節, 15・1, 15・2節］
	尾﨑雅則	（大阪大学）	［2・4節, 6・1, 6・2節, 9章, 10・4節, 14・2, 14・3節, 15・3節］
	鷲尾勝由	（東北大学）	［3・1［1］, 3・1［2］項, 4章, 6・3～6・5節, 13・1節］
	塩島謙次	（福井大学）	［5章, 11章, 12・1～12・3節, 12・5節］
	斗内政吉	（大阪大学）	［7章, 8章, 13・2節, 14・1節］

本書を発行するにあたって，内容に誤りのないようできる限りの注意を払いましたが，本書の内容を適用した結果生じたこと，また，適用できなかった結果について，著者，出版社とも一切の責任を負いませんのでご了承ください．

本書は，「著作権法」によって，著作権等の権利が保護されている著作物です．本書の複製権・翻訳権・上映権・譲渡権・公衆送信権（送信可能化権を含む）は著作権者が保有しています．本書の全部または一部につき，無断で転載，複写複製，電子的装置への入力等をされると，著作権等の権利侵害となる場合があります．また，代行業者等の第三者によるスキャンやデジタル化は，たとえ個人や家庭内での利用であっても著作権法上認められておりませんので，ご注意ください．

本書の無断複写は，著作権法上の制限事項を除き，禁じられています．本書の複写複製を希望される場合は，そのつど事前に下記へ連絡して許諾を得てください．

(社)出版者著作権管理機構
(電話 03-3513-6969, FAX 03-3513-6979, e-mail : info@jcopy.or.jp)

JCOPY ＜(社)出版者著作権管理機構 委託出版物＞

まえがき

　本教科書シリーズでは，半期の授業回数と章立てを一致させるよう 15 章構成とすることが求められている．電気電子材料は，その代表的なものだけでも実に広い範囲に及んでおり，ノーベル賞受賞対象に関連する材料も多く含まれている（本書の脚注に記載した過去 10 年間だけでも 5 件に上る）．一方，現在の高度情報化社会では，種々のデータベースは比較的容易に入手できるようになっている．そこで本書では，対象とする電気電子材料は大幅に限定するものの，適切に選定された材料の特長について基礎からの理解を誘導することにより，電気電子材料全体もできるだけ見通せるように努めている．また，電気電子材料は特に実用性が問われるため，本書の執筆には，複数の先端企業経験者にも参画頂いている．

　本書では，まず電気電子材料の分類方法などの導入に続き，広範な分野に及ぶ材料の理解に最低限必要な，固体の電子構造や電気電子材料の主な作製方法の概要を学んだ後，現代エレクトロニクス社会の基盤材料であるシリコン，化合物半導体，誘電体・絶縁体，磁性体や超電導体を学習する．その後，近年重要性を増している有機電子光機能材料，太陽電池材料，光エレクトロニクス材料，省エネルギー関連の電気電子材料，技術革新が激しい先端メモリ材料など，更には今後の発展が期待される主な材料について学ぶ．最後に，電気電子材料の品質や機能の理解に不可欠な主な分析・評価法を学習する構成となっている．

　なお，本書に記載の式および量記号の添え字の表記は，出版社と相談し，本シリーズの既刊書目に一致させるため，産業技術総合研究所計量標準センター（NMIJ/AIST）推奨の世界標準に準ずるものとはなっていない．また，「型」と「形」との使い分けを含め学術用語の表記は「文部科学省学術用語集 電気工学編（増訂 2 版）」に沿って統一されている．以上の 2 点について，ご了承頂きたい．

　本書の出版に際し，全分担執筆者がオーム社書籍編集局には終始お世話になり，特に編者は取りまとめの不手際で出版が大幅に遅れ大変ご迷惑をおかけしたにも関わらず多大なご協力を頂いた．ここに著者を代表して深く謝意を表します．

2015 年 12 月

編著者　伊藤利道

目 次

1章 電気電子材料の主な種類と分類
- 1・1 電気電子材料について学ぶにあたって　*1*
- 1・2 構成原子の空間的構造による電気電子材料の分類　*3*
- 1・3 機能性による電気電子材料の分類　*8*
- 演 習 問 題　*13*

2章 結晶構造と結合状態・電子状態
- 2・1 結 晶　*15*
- 2・2 原子の結合とエネルギー準位　*19*
- 2・3 結晶のエネルギーバンド　*26*
- 2・4 分子のエネルギー準位　*28*
- 演 習 問 題　*32*

3章 電気電子材料の主な作製方法
- 3・1 結晶材料の成長方法　*34*
- 3・2 エピタキシャル成長法　*39*
- 3・3 化学気相堆積法　*43*
- 演 習 問 題　*47*

4章 シリコン半導体
- 4・1 シリコンウェハの作製プロセス　*49*
- 4・2 n形Siおよびp形Siの作製プロセス　*51*
- 4・3 シリコン素子の作製プロセスと集積化　*53*
- 演 習 問 題　*64*

5章 化合物半導体
- 5・1 化合物半導体材料とその用途　*66*
- 5・2 混晶半導体　*69*
- 5・3 ヘテロ接合　*70*
- 5・4 プロセス技術　*71*
- 5・5 デバイス構造，特性　*73*
- 演 習 問 題　*77*

6章 誘電体・絶縁体
- 6・1 誘電体材料の主な性質　*78*
- 6・2 強誘電体材料　*81*

目次

6・3 酸化膜と絶縁膜の作製プロセス　86
6・4 高誘電率のゲート絶縁膜　89
6・5 低誘電率の配線層間膜　91
演習問題　92

7章　磁性体

7・1 磁性体材料の主な特徴　93
7・2 強磁性体材料とその用途　97
7・3 反強磁性体材料とその用途　99
7・4 巨大磁気抵抗材料と応用　99
7・5 その他の磁性材料と応用　100
演習問題　102

8章　超電導体

8・1 超電導状態とは　103
8・2 主な超電導材料とその用途　109
8・3 高温超電導材料とその用途　112
演習問題　114

9章　有機電子光機能材料

9・1 有機材料の分類　116
9・2 低分子系有機材料　116
9・3 高分子系材料　124
9・4 液晶材料　129
演習問題　131

10章　太陽電池材料

10・1 太陽電池の特徴　132
10・2 結晶材料（シリコン系，化合物系）　135
10・3 アモルファス材料および微結晶材料　137
10・4 有機薄膜太陽電池　138
10・5 色素増感形太陽電池　140
演習問題　144

11章　光エレクトロニクス材料

11・1 光エレクトロニクスとは　146
11・2 基礎物性　147
11・3 発光ダイオード　148
11・4 レーザダイオード　150
11・5 受光素子　152
11・6 光導波路の応用　154
演習問題　158

12章　ワイドバンドギャップ半導体材料

12・1 ワイドバンドギャップ半導体材料の特徴　159
12・2 GaN　161
12・3 SiC　165
12・4 ダイヤモンド　169
12・5 酸化物半導体　171
演習問題　171

目次

13章 先端メモリ，スピントロニクスと燃料電池
- 13・1 半導体メモリ　*173*
- 13・2 スピントロニクス　*177*
- 13・3 燃料電池　*185*
- 演習問題　*189*

14章 今後の発展が期待される材料
- 14・1 テラヘルツ波応用　*190*
- 14・2 フォトニックス材料　*197*
- 14・3 ナノカーボン材料　*201*
- 演習問題　*205*

15章 電気電子材料の主な評価方法
- 15・1 X線回折による結晶性評価　*206*
- 15・2 ホール効果による電気的評価　*208*
- 15・3 光学的評価　*211*
- 15・4 微細構造評価　*214*
- 15・5 元素分析　*219*
- 演習問題　*223*

演習問題解答　*225*
参 考 文 献　*232*
索　　　引　*233*

1章 電気電子材料の主な種類と分類

本章では,さまざまな機能を発現する電気電子材料を理解するために必要な学問的背景を捉えるとともに,本テキストで取り上げる主要な電気電子材料の分類について知見を得ることにより,それらの代表的な電気電子材料の概要を学び,次章以降で修得すべき内容についての予備知識を得る.

1・1 電気電子材料について学ぶにあたって

現在社会の基盤産業の一つであるエレクトロニクス産業には,さまざまな電子デバイス技術が不可欠であり,それらの電子デバイスを作製するにはいろいろな機能を有する電気電子材料がなくては不可能である.図1・1に示すように,電気電子材料の種類や機能は実に広範囲にわたっている.たとえば,半導体材料は,さまざまな電子デバイスに不可欠な材料であることはもちろんであるが,レーザ材料としてもその一端を占めており,酸化物材料は,磁性体,半導体や光学分野などに活用されている.また,見た目は同じような固体でも,電気を流しやすい物質と"絶縁体"と呼ばれるまったく流さない物質とがなぜ存在するのか,作製の条件を変えると性質がなぜ変化するのか,など,さまざまな電気電子材料の機能発現のしくみを理解することが,電気電子材料の全体像を把握したり,適切に応用したりするうえで不可欠である.

一方,あらゆる材料の構造や性質のほとんどは物質中の電子が決めていることが知られている.そのため,物質中の電子の役割(の概要)を知る必要があり,本書の2章では,電気電子材料の主要な機能と電子状態との相関について学ぶ.また,それぞれの材料に対して理論的に期待される固有の特質をその材料を実際に活用する際にどこまで引き出せるかについては,当該材料の作製方法に依存することが多いため,電気電子材料の主な作製方法について知見を得ることも重要であり,3章でその代表的なものを取り上げている.4章から13章にわたって,主

1章 電気電子材料の主な種類と分類

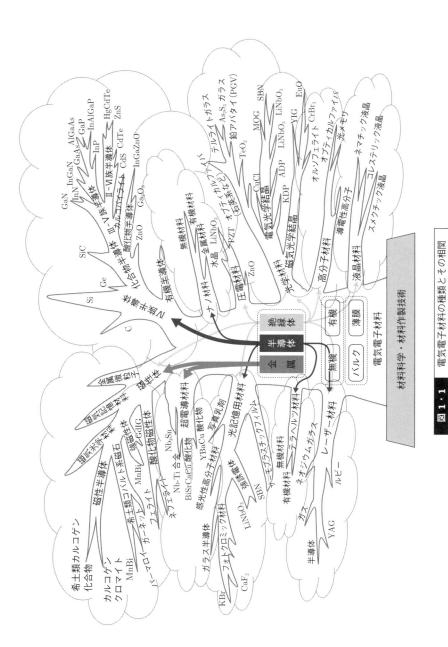

図1.1 電気電子材料の種類とその相関

として機能の観点から主要な電気電子材料について学び，14章では今後発展が期待される材料についても知見が得られる．加えて，実用的な観点からは，電気電子材料が目的の構造や性質を有しているかどうかのチェックが必要であり，電気電子材料の主な評価方法についての知識の習得も望まれるため，それらの概要について15章で言及されている．

なお，上述のような，個々に電気電子材料に特徴的な性質の発現機構や評価方法あるいは所望な材料の作製方法をより良く理解するには，本テキストで言及する関連の学問も併せて修得することが推奨される（図1・2）．

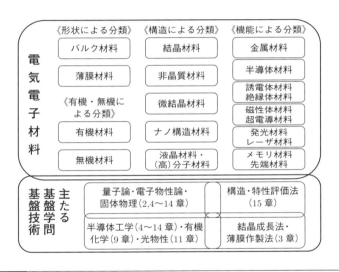

図1・2 電気電子材料のさまざまな分類方法，および，基盤となる主たる学問や技術

1・2 構成原子の空間的構造による電気電子材料の分類

電気電子材料を構成する原子の空間的構造（配列）における秩序の度合いで分類すると，単結晶材料，多結晶材料，微結晶材料，準結晶材料，アモルファス材料，分子性材料などに分けられる．

〔1〕結晶性材料
（a） 単結晶材料

構成原子の空間的配列が対象試料の全領域にわたり同一規則に従い，並進対称性を有する固体は単結晶と呼ばれる．すなわち単結晶材料では，材料内の位置によらず結晶軸の方向は不変であり，理想的な単結晶材料における物理的性質は一義的に決まる．すべての三次元単結晶は，表 1·1 に示す**ブラベー格子**と呼ばれる 14 種類の基本格子（図 1·3）に分類される結晶格子により構成されている（表※参照）．図 1·4 は，ダイヤモンドやシリコンの単結晶の**ダイヤモンド構造**とも呼ばれる結晶構造である立方晶における原子配列を模式的に示したものである．結晶構造の最小構成単位となる 1 基本格子当たりに含まれる原子数は，一般に無機化合物結晶が最も少なく，有機化合物結晶ではかなり増え，タンパク質結晶では桁違いに多くなる．

表 1·1 14 種類のブラベー格子

晶系の名称	三次元格子の名称	格子の基本ベクトルの長さとそれらの成す角（図1·3参照）
立方晶系 (cubic)	単純立方格子 体心立方格子 面心立方格子	$a = b = c$ $\alpha = \beta = \gamma = 90°$
正方晶系 (tetragonal)	単純正孔格子 体心正方格子	$a = b \neq c$ $\alpha = \beta = \gamma = 90°$
斜方晶系 (orthorhombic)	単純斜方格子 体心斜方格子 底心斜方格子 面心斜方格子	$a \neq b \neq c \neq a$ $\alpha = \beta = \gamma = 90°$
単斜晶系 (monoclinic)	単純単斜格子 底心単斜格子	$a \neq b \neq c \neq a$ $\beta \neq 90°, \alpha = \gamma = 90°$
六方晶系 (hexagonal)	六方格子	$a = b \neq c$ $\gamma = 120°, \alpha = \beta = 90°$
三方晶系 (trigonal)	菱面格子	$a = b = c$ $\alpha = \beta = \gamma < 120°, \neq 90°$
三斜晶系 (triclinic)	三斜格子	$a \neq b \neq c \neq a$ $\alpha \neq \beta \neq \gamma \neq \alpha$

※格子は周期構造のみを表し，各格子点と実在原子との相対位置が定義されていればよいので，各格子点に原子が必ずしも存在する必要はない（2·1 節参照）．

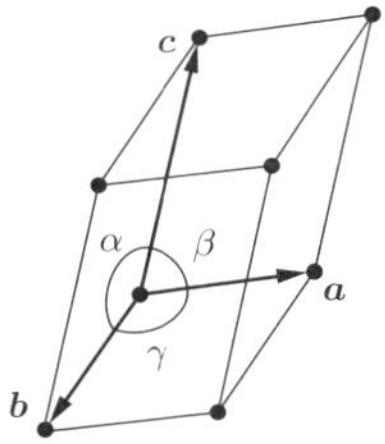

1・2 構成原子の空間的構造による電気電子材料の分類

$|a|=a, |b|=b, |c|=c$

$\alpha = \cos^{-1}\left(\dfrac{b \cdot c}{bc}\right)$　$0° < \alpha < 180°$

$\beta = \cos^{-1}\left(\dfrac{c \cdot a}{ca}\right)$　$0° < \beta < 180°$

$\gamma = \cos^{-1}\left(\dfrac{a \cdot b}{ab}\right)$　$0° < \gamma < 180°$

三つのベクトルで決定される平行六面体の頂点(●)は格子点と呼ばれる．周期構造の単位である基本格子の取り方により，面心や体心も格子点となることもある(2・1節参照)．

図1・3 結晶格子を決定するベクトルとその成す角

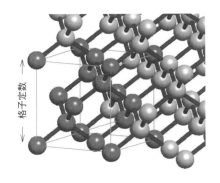

面心立方格子(細線で囲まれた立方体がその最小単位)の各格子点(立方体の頂点と面心)に対して，同じ相対位置に同種原子2個が存在する．左図ではその2原子のうち，一つが格子点に位置するように面心立方格子を定めている．

図1・4 ダイヤモンド構造(模式図) 球：原子，棒：結合手，灰色球：ダイヤモンド構造の単位

(b) 多結晶材料

単結晶粒が不規則的に集合した固体状態は多結晶と呼ばれる．隣接する単結晶粒間の境界(粒界)では通常原子配列の乱れが生じるため，多結晶材料では結晶粒の大きさや並び方によりその性質がしばしば大きく変化する．特に多結晶半導体材料では，電気伝導制御用のドープ不純物の空間分布が不均一になりやすいなど電気的特性に大きな影響が生じるため，電子デバイスの活性層への多結晶材料の利用は制限されることも多い．しかし，単結晶材料に比べ多結晶材料は通常格段に安価に作製できるため，不純物の高濃度ドープにより多結晶半導体の電気伝導度が制御可能になっている多結晶Si太陽電池(10章参照)の場合のように，しばしば実用的観点から多結晶材料には高い有用性がある．

(c) 微結晶材料

微細結晶から構成される電気電子材料であり，通常後述する薄膜材料として使

用される．結晶粒のサイズを微細化することにより，磁性材料における結晶の磁気異方性や局所的分散の減少や，アモルファス半導体材料における微細結晶化による欠陥密度の低減に活用されている．

（d）準結晶材料

AlとMnとを溶融状態から急冷した合金など，二元や三元のAl系合金で得られる正二十面体の対称性を持った特殊な秩序構造を有する準結晶材料には，格子間隔の並進対称性はない．しかし，構成原子は準周期的に配列し，5回対称性を有しているなど，原子配列には高い秩序性があり，いわば，結晶とアモルファスとの中間的な固体の相である[*1]．

〔2〕アモルファス材料

材料の構成原子の配列が短距離秩序はあるが長距離秩序がなく規則性をもたない固体相は「アモルファス」，あるいは「非晶質」と呼ばれる．たとえば，液体状態がそのまま凍結されたような状態で，ガラスもその一例である．アモルファス材料は，溶融液状態からの急冷，蒸着またはスパッタによる気体状態からの低温基板への急冷や化学気相堆積法（CVD）などさまざまな方法（3章参照）によって，単結晶材料に比べ，しばしば安価に形成され大面積化も容易であることが多く，金属材料，磁性材料（7章参照），半導体材料などとして電気電子材料に関する広い分野で活用されている．

金属の分野では，1960年には液体急冷法によってAu-Siアモルファス合金が得られており，アモルファス強磁性体の存在も予想されていた．結晶状態では脆い性質の合金がアモルファス状態になると，機械的強度が高く，靭性や耐食性が良くなり，電気抵抗が高くなる材料や，アモルファス磁性体では，保持力が小さくなったり，透磁率が高くなったりするものも見出されている．また，高密度磁気記録に応用する際に，多結晶膜では結晶粒界の存在がノイズ源となるが，アモルファス膜ではそのような問題を避けることができる．

一方，半導体の分野では，1948年のアモルファスSeを用いたゼログラフィ（電子写真）の報告から複写機が開発され，1960年からはアモルファス半導体の電子状態や電気伝導度の研究も行われるようになり，カルコゲナイドガラスを用いた

[*1] 2011年ノーベル化学賞の対象

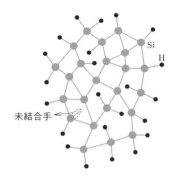

各シリコン(Si)原子は四つの結合手があり，ほとんどのSi原子または水素(H)原子とその結合手により結合しているが，他の原子とは結合していない未結合手が残っているSi原子も生じている．

図 1・5 アモルファス Si:H の構造（概念図）

撮像管が開発されるに至っている．また，1975年には水素を含んだアモルファスSi:H（a-Si:H）に対し，図 1・5 のように未結合手（dangling bond）がほとんどなく，Si-Si 結合および Si-H 結合によって a-Si:H 膜が形成できるようになると，キャリヤ制御が可能となるドーピングプロセスが開発され，a-Si:H を用いた太陽電池（10 章参照）が実用化されている．

なお，構造がアモルファスであるとの断定には，微結晶状態の混在が問題となるため，回折法，高分解能電子顕微鏡観察，比熱や電気抵抗の測定などの複数の観点からの評価法が必要になることも多く，電気電子材料開発には適切な評価（15 章参照）が不可欠である．

〔3〕薄膜材料

薄膜の定義は必ずしも明瞭ではないが，マクロ的な概念として理想的には平行な二つの平面に挟まれた薄い物質であると理解されており，層，箔あるいはコーティングが同義として使用されることもある．ミクロ的にみればその材料が不均一（たとえば島状）構造であっても，マクロ的にみれば一様と見なせる場合は，その材料は**薄膜**と呼ばれる．電気電子材料としての薄膜はほとんどの場合，固体状態である．図 1・6 に示すように典型的な薄膜成長モードとして，三次元（島状）成長，層状成長と初期には層状成長し，その後三次元成長する，三つの成長モードがある．薄膜は厚さ方向のサイズが特に注目され，薄膜と呼べる限界の厚さ（薄さ）は，自立膜になるかどうかが一つの目安である．その厚さは，薄膜作製技術

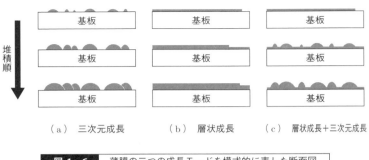

図 1・6 薄膜の三つの成長モードを模式的に表した断面図

の進歩とともに徐々に厚くなり，初期の $1\,\mu\mathrm{m}$ 程度から現在では数十 $\mu\mathrm{m}$ 程度のものも薄膜と呼ばれている．薄膜試料は，熱平衡状態を経て作製されるバルク試料とは異なり，非平衡状態で形成される場合が多く，バルク試料に比べかなり低温でも作製できる，あるいは表面や界面に特有な現象としてバルク試料の物性から変化が生じるなどの特徴がある．

〔4〕分子性材料

　分子性材料は，電荷を持たない分子が主たる構成要素である液体状態や固体状態の材料であり，その性質は分子内の相互作用ならびに分子間の相互作用により決定される（9 章参照）．分子性材料とイオン性材料とは材料固有の異なる特性ではあるが，たとえば酢酸のように気体や水を含まない状態では電離していないため分子性材料としてふるまう．

1・3 機能性による電気電子材料の分類

　電気電子材料には，さまざまな機能を有するものがあるが，その代表的な機能により分類すると，主として電気的性質からは金属材料，半導体材料，絶縁体・誘電体材料に分類される．さらに，特徴的な磁気的性質を有する磁性体材料も代表的機能に基づく分類項目の一つとしてあげられる．実用的な観点からは，電気電子材料における代表的な機能について，その機能ごとに理解することが望まれる．

1·3 機能性による電気電子材料の分類

表 1·2 主な純金属の諸性質

元素記号	原子番号	結晶構造	格子定数 [nm]	原子半径* [nm]	融点 [℃]	比熱 [$J \cdot kg^{-1} \cdot K^{-1}$]	線膨脹係数 [$10^{-6} K^{-1}$]	比抵抗 [$\mu\Omega \cdot cm$]	熱伝導度 [$W \cdot m^{-1} \cdot K^{-1}$]
Al	13	面心立方	0.40496	0.143	660.1	917	23.5	2.67	238
Sb	51	菱面体	0.4507	0.145	630.5	209	8〜11	40.1	23.8
Ba	56	体心立方	0.5013	0.218	729	285	18	50	—
Be	4	六方最密	0.2286; 0.3584	0.113	1 287	2 052	12	3.3	194
Ca	20	面心立方	0.55884	0.197	843	624	22	3.7	125
Cs	55	体心立方	0.6079	0.262	29.8	234	97	20	36.1
Cr	24	体心立方	0.2884	0.125	1 857	461	6.5	13.2	91.3
Cu	29	面心立方	0.36147	0.128	1 083.4	386	17.0	1.694	397
Ga	31	斜方	0.4523; 0.7661; 0.4524	0.124; 0.138	29.7	377	18.3	—	41.0
Au	79	面心立方	0.40785	0.144	1 063	130	14.1	2.20	315.5
Ag	47	面心立方	0.40862	0.144	960.8	234	19.1	1.63	425
In	49	面心正方	0.45979; 0.49467	0.162; 0.168	156.4	243	24.8	8.8	80.0
Pt	78	面心立方	0.3924	0.139	1 769	134.4	9.0	10.58	73.4
Ti	22	六方最密	0.2951; 0.46843	0.147	1 667	528	8.9	54	21.6

*最短原子間距離の 1/2 の値

〔1〕金属材料

　材料に電界を加えた場合電気が流れやすい，すなわち電気伝導が高い材料が金属材料である．この高い電気伝導性は，印加電界に沿って容易に動くことのできる電荷を帯びた担体（**キャリヤ**）である電子が材料中に高密度に存在することによる．この担体は熱も運ぶことができるので，通常高電気伝導材料は高熱伝導材料でもある．2 章で述べられるように，固体中の原子間の結合は，その原子に含まれる電子のうち，各原子の原子核から概ね最も離れた空間に位置する電子（最外殻電子）により主として担われている．**表 1·2** に，主な純金属の諸性質を示すが，結晶構造の場合は面心立方構造や六方最密構造を取るものが多いことがわかる．このように単結晶金属において金属結合と呼ばれる電子状態では，構成原子の価電子は結晶全体で共有され等方的な結合となっているため，最も充てん率の高い結晶構造をとりやすいものと理解される．このような金属結合状態の電子は，結晶中に高密度に存在し，容易に動き回れる状態にあるため，高い電気伝導性が生じる．

〔2〕半導体材料

電気伝導度の観点からは,金属と絶縁体(誘電体)の中間に位置する材料が半導体材料であるが,電子状態の観点からは絶縁体の一種と位置づけられる.半導体材料が存在しなければ多くのデバイスは実現できないため,半導体材料は非常に重要な電気電子材料である.主たる汎用半導体材料は,構成原子の価電子による共有結合と呼ばれる電子状態が基盤となっているものが多い(2章参照).

(a) シリコン系

IV族に属するケイ素(Si)は,物性論的見地からすると非常に優れた半導体材料であり,今日のエレクトロニクス産業を支える基盤技術はSiが存在しなければ構築されなかったであろう.その優れた特徴の詳細は4章で述べられるが,その代表的な例を以下に三つあげる.

- 半導体の特徴の一つである電荷を運ぶキャリヤの制御が容易である.Si中に適切な不純物をドープすることにより,常温で適切な濃度の電子または正孔を制御性良く容易に生じさせられる.
- 半導体を活用するうえで,必ず,絶縁物や金属などの他の材料との接合が不可欠であるが,SiとSiO_2との接合面(界面)は,SiからSiO_2に原子スケールで急峻に変化する構造でも安定に形成できる.
- 他方,Siと金属と組合せでは,表1·3に示すように金属の性質を有する安定

表1·3 金属的性質を有する代表的なシリサイドの電気的特性

シリサイド組成	構成金属の族	膜の抵抗率 $[\mu\Omega \cdot cm]$	n-Siに対するショットキー障壁高さ [eV]
$TiSi_2$	IVa	13〜16	0.60
$CrSi_2$	VIa	600	0.57
$CoSi_2$	VIII	15	0.67
$NiSi_2$	VIII	33	0.70
$ZrSi_2$	IVa	35〜40	0.55
$MoSi_2$	VIa	100	0.55
$RhSi$	VIII	—	0.74
Pd_2Si	VIII	25〜35	0.74
$HfSi_2$	IVa	45〜50	0.60
WSi_2	VIa	70	0.65
$PtSi$	VIII	28〜35	0.87

な化合物（金属シリサイド）が特定の金属と Si との間で形成される．この反応過程を利用すると，半導体（Si）と金属（シリサイド）との間には原子的に急峻な界面が作製できる．

また，シリコンデバイスにかかわる絶縁膜については 6 章で取り上げ，太陽電池としての応用や先端メモリについてはそれぞれ 10 章と 13 章で述べられている．

（b） 化合物半導体系

シリコンが物性論的に適合性の低い分野，たとえば，超高速デバイスや発光デバイス分野では，適切な半導体材料として化合物半導体が独占的に用いられる．図 1·1 に示すように，代表的な化合物半導体は III 族–V 族間化合物の GaAs，InP，GaN であるが，IV 族化合物 SiC，あるいは，II 族–VI 族間化合物 CdTe など，元素の組合せが多く半導体の種類は実に豊富である．それらの詳細な特徴や主な活用例は，5 章，11 章および 12 章に記載されている．このような化合物半導体に共通する特筆すべき特徴として以下の点があげられる．

- 化合物半導体材料を用いて自然界には存在しない超格子構造を人工的に形成することにより，格段に向上した発光特性や高速応答性などを有するデバイスが作製される．
- III 族の Al と Ga のように同族の異なる元素を混在させた $Al_xGa_{1-x}As$ ($0 \leq x \leq 1$) のような混晶半導体と呼ばれる化合物半導体も作製でき，広範な用途に対応できる材料群を形成している．

〔3〕誘電体・絶縁体材料

詳細は 6 章で述べられるが，広い意味で用いられる（広義の）誘電体は，電気的絶縁体，静電気蓄積現象を利用したコンデンサ用の（狭義の）誘電体，応力印加時に電気分極を生じる圧電体，温度により変化する自発（電気）分極を持つ焦電体，電界により反転できる自発分極を有する強誘電体の総称である（図 1·7）．絶縁体での重要な性質の一つは耐絶縁破壊性であり，半導体集積回路でも絶縁体薄膜は多用され，キャパシタとして活用の代表例は半導体集積メモリである（4 章，13 章）．

〔4〕磁性体材料

磁気的性質に特徴のある磁性体材料は，代表的な活用例が永久磁石である強磁性体材料，あるいは，磁界印加中の電流輸送特性に出現する巨大磁気抵抗効果，さ

1章 ■ 電気電子材料の主な種類と分類

図 1・7 広い意味での誘電体を構成する材料群の相互の関係

らには光の偏光を回転する磁気光学効果など，磁性体材料以外の電気電子材料にはない優れた機能がある．そのため，磁性体材料は実用上欠くことのできない電気電子材料の一分野となっている．これらの特性の詳細や応用例は，7章，および13章で述べられている．

また，非常に強力な磁界を形成する場合に使用される超電導材料は，ある温度以下では電気抵抗がゼロになる特質があるが，超電導状態と磁気的性質とは切り離せない側面があり，その特徴や用途について8章で詳述される．超電導体は，**表1・4**に示すように，非銅酸化物系の元素，合金，二元系化合物，多元系化合物，および銅酸化物系に分類される．

〔5〕先端メモリ材料と燃料電池

大量の情報を蓄積するためのメモリ材料・技術開発は近年大きく進展している．その主なものは，半導体メモリや磁気メモリに関するものであり，最先端メモリ新技術を可能とする材料を含め，13章で述べられる．また，自然に優しい分散電源として今後の大幅な活用が期待されている燃料電池についても本章で言及される．

〔6〕実用化が期待される主な新機能材料

今後の発展が期待される電気電子材料として，14章では，いわゆる光と電波との中間に位置するテラヘルツ（10^{12} Hz）領域の周波数の電磁波の活用に深くかかわるテラヘルツ材料，光の波長と同程度スケールの周期構造を有し光の伝搬が制御できるフォトニック材料，自然界の物質では発現できない機能を有する人工的

演習問題

表 1・4 超電導材料の分類およびその代表的材料の組成，構造と超電導転移温度

分類名		状態	物質名（組成）	結晶構造	転移温度 [K]
非銅酸化物系	元素	常温常圧	Nb	立方晶（体心）	9.25
			Pb	立方晶（面心）	7.2
		低温蒸着膜	Be	アモルファス	10.6
	合金	結晶	NbTi	立方晶（体心）	9.8
			NbZr	立方晶（体心）	11.5
			PbIn	立方晶（面心）	6.8
			PbBi	六方晶	8.8
		アモルファス	$Mo_{50}P_{10}B_{10}$	アモルファス	9.0
			$Mo_{0.3}Re_{0.7}$	アモルファス	8.6
	二元系化合物	結晶	Nb_3Ge	立方晶	23.9
			Nb_3Ga	立方晶	20.3
			NbN	立方晶	17.3
	三元系化合物	結晶	$PbMo_6S_8$	菱面体晶	15.2
	有機物	結晶	$(TMTSF)_2ClO_4$	三斜晶	1.3
銅酸化物系	La(Nd)系	結晶	$La(Nd)_{1.85}Sr_{0.15}CuO_4$	正方晶（体心）	37 (27)
	Y系（YBCO）	結晶	$YBa_2Cu_3O_{7-\delta}$	斜方晶	≈90
	Bi系（BSCCO）	結晶	$Bi_2Sr_2CaCu_2O_{8+\delta}$	擬正方晶	≈90
			$Bi_2Sr_2Ca_2Cu_3O_{10+\delta}$	擬正方晶	≈110
	Tl系	結晶	$Tl_2Ba_2Ca_2Cu_3O_{10}$	擬正方晶	≈130
			$Tl_{0.5}Pb_{0.5}Sr_2Ca_2Cu_3O_9$	正方晶	≈120
	Hg系	結晶	$HgBa_2CaCu_3O_{8+\delta}$	正方晶	≈135

材料であるメタマテリアル，あるいは，特徴的なナノメータ（10^{-9} m）構造を有するナノチューブなどの炭素系ナノ材料にも言及されている．

1 空間の対称性のうち，並進対称性とはどのようなものか．また，単結晶における対称性には，並進対称性以外にどのようなものがあるか（2章2・1節を学んだ後，解答せよ）．

2 電気電子材料を構成原子の空間的構造により分類する場合，単結晶，多結晶，微結晶，アモルファスの相違を述べよ．

1 章 ■ 電気電子材料の主な種類と分類

3 金属結合している金や銀などの金属の線材料は容易に曲げられる．その理由を金属結合の性質から考察せよ（2 章 2·2 節を学んだ後，解答せよ）．

4 薄膜成長の三つの異なる成長モードについて，図 1·6 では断面図により模式的に示しているが，各成長モードについて表面を真上から見た図（模式図）はどのようになるか？

2章 結晶構造と結合状態・電子状態

　電子デバイス，特に半導体デバイスは結晶を用いて製造されることが多い．したがって，電子デバイスの動作原理を理解するためには，結晶の性質を知ることが必要である．本章では，**結晶** (crystal) や**結晶構造** (crystal structure) とはどのようなものか，結晶を形成する原子間の**化学結合** (chemical bond) やエネルギー状態について基本的な性質を学ぶ．また，近年実用的に重要さが増している分子の電子状態についても理解を深める．

2・1 結　　晶

　固体は基本的に結晶質と非晶質に大きく分類される．結晶は，「原子や分子が空間的に周期性をもって規則正しく配列したもの」と定義することができる．この定義においては，結晶の大きさは無限大であり端がない．しかし，現実的に言えば，結晶は多面体の形態を有する，材質的に均一な，一般的に異方性のある物体とも定義されよう．"crystal" は，ギリシャ語の水晶を示す単語 "$\kappa\rho\acute{u}\sigma\tau\alpha\lambda\lambda o\varsigma$ (kristallos)" が語源である．原子や分子の配列の仕方を**結晶構造**という．また配列の仕方はその対称性の観点から 230 種類に分類され，**空間群** (space group) と呼ばれる群を形成することが，1912 年に**ラウエ** (M. T. F. von Laue) の実験により実証された．

　結晶構造の表現方法は次のように考えられる．結晶構造は周期構造を有する**空間格子** (space lattice) と実際の原子からなる**単位構造** (basis) の組合せとして表す．周期性のある空間格子は，**単位格子** (unit lattice) を構造単位として，無限にすき間なく積み重ねることにより形成される．単位構造は一つの原子や，水分子のような種類の異なる複数の原子の集合体であってもよい．**格子点** (lattice point) は，三つのベクトルで形成される平行六面体（図 1・3）の単位格子の頂点であり，どのような単位格子でも格子点は少なくとも一つは存在する．しかし，単

位格子を（対称性の高い）単純な形状にすれば，その単位格子の面心や体心も格子点となる場合がある．格子点は単位構造の配列の座標を決める原点になる．単位格子の取り方は無限にあるが，通常，多くの対称性を有する単純な形状を有し，かつ，その単位格子に付属する単位構造に含まれる原子数が最も少なくなるように，単位格子の体積が最も小さくなるように設定される．

〔1〕単位格子

三次元の結晶構造は，表 1·1 に示したように，**対称性**（symmetry）の観点から基本的に七つの**晶系**（crystal system）分類されることが，ワイス（P. Weiss）により見いだされた．結晶の記述には，座標系を用いるのが便利である．しかし直交座標系のみでは不足である場合があり，各結晶の種類に応じて，独自の交軸系を導入する必要がある．単位格子の形状は，平行六面体であり，図 1·4 に示したように，三つの線形独立なベクトル基本並進ベクトル（primitive translation vectors）a, b, c で指定が可能である．空間格子の任意の格子点の位置は，ある格子点を原点として，位置ベクトル T で以下のように表される．

$$T = n_1 a + n_2 b + n_3 c \tag{2·1}$$

ここで，n_1, n_2, n_3 は整数である．結晶は三つの基本並進ベクトルの大きさおよび角 α, β, γ によって表すことも可能である．単位格子を決定するベクトルの大きさは**格子定数**（lattice constant）と呼ばれる．単位格子（平行六面体）の頂点にある格子点は，隣接する 8 個の単位格子で共有されているので，単位格子当たりの格子点は 1 個であり，同様に面心位置で共有されている場合は，面心位置当たり 1/2 個となり，体心位置では他の単位格子とは共有されないので，単位格子当たりの格子点は 1 個である．また，すべての単位格子のうちで，その体積が最小のものは，**基本単位格子**（primitive lattice cell）と呼ばれ，ただ 1 個の格子点のみを含む．基本単位格子の表し方として他には基本単位格子の中心に格子点が位置する**ウイグナー・サイツ（Wigner-Seitz）単位格子**がある．

単位格子は 14 の**ブラベー格子**（Bravais lattice）に分類される（表 1·1）．立方晶系に属する三つのブラベー格子である，単純立方（simple cubic（SC））格子，体心立方（body-centered cubic（BCC））格子，面心立方（face-centered cubic（FCC））格子を図 2·1 に示す．ここで注意が必要なのは，同図（a）の SC 格子の単位格子

は基本単位格子であるが，同図 (b)，(c) の BCC 格子，FCC 格子はそれぞれ 4 個の格子点を含むので基本単位格子ではない．**図 2·2** に BCC 格子，FCC 格子の基本単位格子を示す．BCC 格子の基本単位格子の体積は SC 格子の 1/2，FCC は 1/4 となる．立方晶系の場合，直角直交座標系を用いて，格子点の位置を座標で容易に表すことが可能である．たとえば，SC 格子の場合，基本並進ベクトルは $\boldsymbol{a} = (1,0,0)a$, $\boldsymbol{b} = (0,1,0)a$, $\boldsymbol{c} = (0,0,1)a$ である．

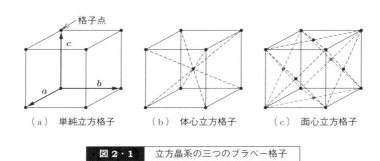

（a）単純立方格子　（b）体心立方格子　（c）面心立方格子

図 2·1　立方晶系の三つのブラベー格子

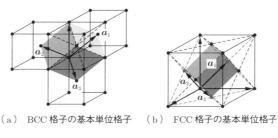

（a）BCC 格子の基本単位格子　（b）FCC 格子の基本単位格子

図 2·2　BCC，FCC 格子の基本単位格子

〔2〕格子面

　空間格子の格子点のうち，同一直線上にない三つの格子点を含むある平面は，無限個の格子点を含み，この面に平行で，同様に無限個の格子点を含む面は無限個存在し，**格子面**（lattice plane）と呼ばれる．最近接の平面との距離 d を格子面

間隔と呼ぶ．お互いに平行でない格子面は無限種存在する．したがって，格子面に名前をつけて，区別する必要がある．最もよく使用される名前は**ミラー指数**(Miller indexes) であり，三つの整数 h, k, l の組 (hkl)（コンマで区切らないことに注意）で表される．**図 2.3** (a) は，(hkl) 面の定義を表している．同じミラー指数 (hkl) をもつ面は無限個存在するが，それらを総称して (hkl) 面と呼ぶ．ある格子点を始点とする基本並進ベクトル $\boldsymbol{a}$, $\boldsymbol{b}$, $\boldsymbol{c}$ をそれぞれ整数 h, k, l で割ったベクトル $\boldsymbol{a}/h$, $\boldsymbol{b}/k$, $\boldsymbol{c}/l$ の終点（ベクトルの矢の先端）を通る面が (hkl) 面と定義される．この面に最近接な (hkl) 面の一つが基本並進ベクトルの始点を含む面である．図 2.3 (b) は，(hkl) 面をわかりやすく表している．また，(111) 面は基準面と呼ばれる．h, k, l のうち一つあるいは二つが 0 になる場合がある．このとき $\boldsymbol{a}/h$, $\boldsymbol{b}/k$, $\boldsymbol{c}/l$ の内一つあるいは二つのベクトルの長さが無限大になる．たとえば $h=0$ であれば，$(0kl)$ 面は $\boldsymbol{a}$ に平行になる．**図 2.4** に主な格子面を示す．$(\bar{1}10)$ 面は (-110) 面を表すが，負符号をつけずに，数字の上にバーをつけて表すのが慣例である．

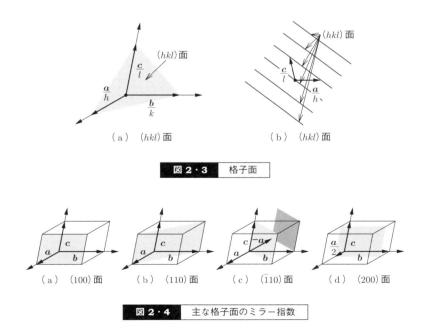

図 2・3　格子面

図 2・4　主な格子面のミラー指数

〔3〕結晶構造の例

結晶構造の例として，現在半導体材料として最も重要であると考えられる**シリコン**（Si）の結晶構造について述べる．Si の結晶構造は炭素（C）による結晶の構造の一つであるダイヤモンドと同じ構造，すなわちダイヤモンド構造をもち，**図 2·5** に示される原子配置をもつ．格子定数が $a = 0.5431\,\mathrm{nm}$ であり，8 個の Si 原子が立方体の単位格子内に存在する．単位格子に $(0,0,0)$ と $(1/4,1/4,1/4)$ の二つの Si 原子が面心立方格子（図 2·1 (c) 参照）を作っている（それは図の単位格子を示す立方体枠の線を少しずらして原子がいくつ含まれるかを調べると明らかとなる．あるいは，角の原子が 1/8，面心の原子が 1/2 の割合として $8 \times 1/8 + 6 \times 1/2 + 4 = 8$ と計算してもよい）．Si 原子の存在する位置を示すため図 2·5（b）に示すような，z 方向の 1/4 ごとに xy 平面断面図を用いると三次元配置を理解しやすい．

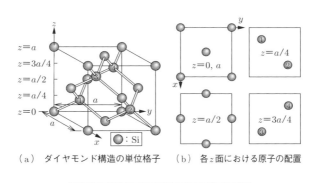

（a）ダイヤモンド構造の単位格子　　（b）各 z 面における原子の配置

図 2·5　Si のダイヤモンド構造

2·2 原子の結合とエネルギー準位

水素原子は一つの電子（electron）と一つの陽子が交わりを結ぶことによってできている．この場合，電子のエネルギーの符号は負である．すなわち，電子は陽子から遠く（エネルギーがほぼ 0）に存在するより，近くに存在する方がエネルギーがより低い状態にある．電子のエネルギーの最小値は電子の運動エネルギーと電子が感じるポテンシャルエネルギーの兼ね合いによって決まる．同じことが

二つの水素原子からなる水素分子についてもいえる．すなわち，二つの原子がお互いに近くに存在するとき，それらの全エネルギーはより低くなる．このようにして水素分子が作り上げられる．このように二つ以上の原子が組み合わされることを**化学結合**（chemical bond）と呼ぶ．物質の性質（物性）について議論する場合，化学結合はきわめて重要である．化学結合は，電子の電気的な性質や量子力学的な性質を用いることによってうまく説明される．おびただしい数の原子が化学結合によって固体を作るときも同様である．

基本的な結合の様式として，**イオン結合**（ionic bond），**共有結合**（covalent bond），**金属結合**（metallic bond），**水素結合**（hydrogen bond），**ファンデルワールス結合**（van der Waals bond）がある．凝集力あるいは**凝集エネルギー**（cohesive energy）と呼ばれる力が，原子間引力として働かなければならない．この役割を担うものとして最もわかりやすいのが，電荷の間に働く**クーロン力**（Coulomb force）である．クーロン力は二つの点電荷の距離を r としたとき r^{-2} に比例し，電荷がお互い異符号であれば，引力となる力である．クーロン力以外に，電子のスピン間に働く引力もある．ところで，引力ばかりが働くと，電子のエネルギーはある原子間距離で最小値とはならない．実際には，原子どうしが近づきすぎると，原子間に新しい力として反発力が働く．すなわち，〔1〕で述べる，パウリの排他律によって，原子内の電子のスピンの向きが同じ電子は同じ軌道に入ることができない．閉殻を形成している電子分布が互いに近づくと，必ずスピンの向きの同じ電子があるから，互いに反発力が働く．この斥力はイオン間距離 r が小さくなると急激に大きくなる性質をもっており，そのポテンシャルエネルギーは a/r^n（n は通常 12 が用いられ，実験的に決められたものである）と書ける．引力と反発力が釣り合う位置 $r = r_0$ で平衡状態となる．またそのときのポテンシャルエネルギーが結合エネルギー E_c（< 0）である．2 個のイオン間の相互作用のポテンシャル $U(r)$ は一般に次の**レナード・ジョーンズポテンシャル**（Lennard-Jones potential）

$$U(r) = \frac{a}{r^n} - \frac{b}{r^m} \tag{2・2}$$

の形に書くことができる．ただし，m はクーロン力の場合 1，ファンデルワールス力の場合 6 である．特に $m = 6$，$n = 12$ がよく使用される．式 (2・2) を r の関数として図示すると図 2·6 のようになる．

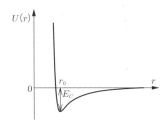

図2・6 位置 r の原子のポテンシャルエネルギー

原子間の化学結合を理解するために，まず原子中の電子の性質について説明する．

〔1〕原子中の電子の量子状態

原子中の電子の量子状態を表すものとして，**主量子数**（principal quantum number）n, **角運動量量子数**（angular momentum quantum number）（方位量子数ともいう）l, **磁気量子数**（magnetic quantum number）m, **スピン量子数**（spin quantum number）s というの四つの量子数がある．量子数 n, m, l は量子力学における**シュレディンガーの方程式**（Schrödinger's equation）を解くことにより得られる．主量子数 n を決めると，l は 0 から $n-1$ までの値をとることができ，m はさらにそれぞれの l の値に対して $-l$ から $+l$ までの値をとることができる．スピン量子数 s は，$+1/2$ と $-1/2$ の 2 種類の値のみをとる．主量子数 n については，$n=1, 2, 3, 4…$ に対して K, L, M, N… 殻という名前が付けられている．$l=0, 1, 2, 3, 4, 5, 6, 7$ に対しては，s, p, d, f, g, h, i, k という軌道名が付けられている．これらの量子数 n, l, m, s の一組で指定された状態を**量子状態**と呼ぶ．たとえば $n=3$, $l=1$ をもつ状態は 3p 状態と呼ばれる．n を一定とすれば，前述のように，l は 0 から $n-1$ まで，m は $-l$ から $+l$ まで合計 $2n+1$ 個の値をとることができ，スピンを考えるとさらにその 2 倍の状態が存在する．各電子は，**パウリの排他律**（Pauli exclusion principle）にしたがって，すべて異なる量子数をもつ．

原子中の全電子の配置は，以下の記号で表すと便利である．たとえば，Si 原子には 14 個の電子が存在する．それらの電子配置は $1s^2 2s^2 2p^6 3s^2 3p^2$ と表される．$1s^2$ は $n=1$, $l=0$ の軌道 1s に 2 個，$2s^2$ は $n=2$, $l=0$ の軌道 2s に 2 個，$2p^6$

は $n=2$, $l=1$ の軌道 2p に 6 個, $3s^2$ は $n=3$, $l=0$ の軌道 3s に 2 個, $3p^2$ は $n=3$, $l=1$ の軌道 3p に 2 個の電子が存在することを表している.

以下に, イオン結合と共有結合について述べる.

〔2〕イオン結合

イオン結合の代表的な物質は図 2·7 に示す岩塩 (NaCl) である. 電気的に最も正な Na と, 最も負な Cl が結合する. 両者が接近すると, Na は電子を 1 個失って正イオン Na$^+$ となり, Cl は 1 個電子を得て負イオン Cl$^-$ となり, クーロン力が結合力となる. 2 個のイオンの間のクーロン力によるポテンシャルエネルギーは $-q_1 q_2/(4\pi\varepsilon_0 r)$ と書ける. ただし, q_1, q_2 はそれぞれイオンの電荷, ε_0 は真空の誘電率 (8.854×10^{-12} F/m) である. NaCl の場合は $q_1 = -q_2 = e$ であり, e (1.6×10^{-19} C) は素電荷である. 両イオンが近づき過ぎると, パウリの排他律による斥力が働いて, ある距離でクーロン引力と釣り合っている. 式 (2·2) より, 2 個のイオン間の相互作用のポテンシャル U は

$$U = \frac{a}{r^n} - \frac{e^2}{4\pi\varepsilon_0 r} \tag{2·3}$$

となる. U の最小の点が結合距離となる. NaCl の結晶は図 2·7 のような配置になり, Na$^+$ の周りには無数の Cl$^-$ と Na$^+$ が存在する. Cl$^-$ の方が Na$^+$ よりもイオン半径が大きい. 図 2·7 によると, ある Na$^+$ と周りのイオン間の静電エネルギー U_{st} は

$$U_{st} = -\frac{e^2}{4\pi\varepsilon_0 a/2}\left(6 - \frac{12}{\sqrt{2}} + \frac{8}{\sqrt{3}} - \cdots\right) = -A\frac{e^2}{4\pi\varepsilon_0 a/2} < 0 \tag{2·4}$$

となる. A はマーデルング定数と呼ばれ, 最近接の原子との距離をもとに計算され

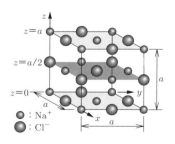

図 2·7 岩塩の結晶構造

るが，計算は困難である．$a = 0.56\,\text{nm}$ とすると，A は約 1.75 となり，式 (2·4) で与えられる静電エネルギーは約 $8.94\,\text{eV}$ と，きわめて大きな負の値をもつ．凝集エネルギーは，Na 原子が Na^+ にイオン化するのに必要なエネルギーである $5.14\,\text{eV}$ および Cl 原子が Na 原子から電子を受け取って Cl^- になるとき放出されるエネルギーである $3.61\,\text{eV}$ を考慮すると，約 $-7.4\,\text{eV}$ となる．

　イオン結合の凝集エネルギーはクーロン引力による静電エネルギーであるから，イオン間に働く引力は，イオン間の距離のみで決定されるので，結合に指向性がない．したがって結晶は正負イオンをできるだけ密につめ込んだ，いわゆる面心最密充填の構造となる．

〔3〕共有結合

　パウリの排他律により電子のスピンが同じ方向で向きも同じ場合（**平行スピン**という）に対しては，二つのスピン間に反発力が生じるが，向きが逆の場合（**反平行スピン**という）には引力が生じる．これを**交換力**（exchange energy）といい，量子力学的効果である．もちろん二つの電子にはクーロン反発力が働くが交換力による引力の方が勝り，総合的に引力が働く．このような結合を**共有結合**という．交換力によって電子は原子と原子の中間に凝集させられる傾向をもつから，共有結合は指向性をもっている．共有結合の最も簡単な例は二つの水素原子が寄って水素分子をつくる場合である．水素原子は 1s 状態を一個の電子が占めていて，もう 1 個電子が入ると閉殻となる．そのため，相手の原子と電子を共有して互いに閉殻を形成する．このとき，この二つの電子は反平行スピンでなければならないから，その間には交換力が働いて安定な結合が生じる．

　同じ考え方が，代表的な半導体である Si に通用できる．Si 原子の電子配置は $1s^2 2s^2 2p^6 3s^2 3p^2$ であり，K, L 殻は閉殻であり，最外殻である M 殻の電子は，化学結合に寄与するために，**価電子**（valence electron）と呼ばれ，3s 軌道に 2 個，3p 軌道に 2 個ある．価電子を除くと，Si は Si^{4+} になっている．3s 軌道の電子が 3p 軌道へ 1 個上る（励起される）と，3s に 1 個，3p に 3 個となり，いずれの軌道もちょうど半分だけ満たされる．そして個々の Si 原子と周りの他の 4 個の Si 原子との共有結合が生じる．これが水素分子と異なる点である．電子が 1 個 3s から 3p へ上ったことによるエネルギーの増加よりも，結合をつくることによるエネルギーの減りが大きいから，安定な結合がつくられる．ここで注意すべきことは結

合にあずかる電子は 1 個の 3s 電子と 3 個の 3p 電子であるが，共有結合の腕の 1 本が球対称な s 電子，他の 3 本が指向性のある p 電子によって形成されているということではない．1 個の s 電子と 3 個の p 電子が一緒になって，新たに四つの対称的な軌道 sp³ **混成軌道**（hybridized orbital）を形成する．この軌道は，一つの原子を中心とした正四面体を形成する方向にのびており，その結果，Si は図 2·5 に示すダイヤモンド構造をつくる．sp³ 混成軌道を二次元的に示したものが**図 2·8** である．

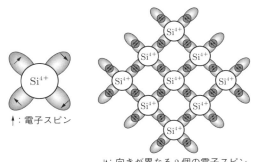

（a）　sp³ 混成軌道　　（b）　二次元的な表現

図 2·8　sp³ 混成軌道と Si のダイヤモンド構造を二次元的に表現したもの

　ダイヤモンドでは共有結合に寄与する価電子は，ほぼすべて結合に寄与し，電気伝導に寄与しないが，Si，Ge はダイヤモンドよりも共有結合性が弱く，共有結合以外の凝集エネルギーが化学結合に寄与している．

〔4〕**金属結合**

　水素分子の場合には，共有結合にあずかる価電子は各 1 個しかなく，1s 軌道は最大 2 個の電子しか収容できないために，H_2 分子を形成してしまうとそれ以上ほかの原子と結合を生じない（H_3 分子は形成されない）．しかし，たとえば Na 原子の最外殻は $3s^1$ であるが，その軌道の電子はある特定の原子に局在せず，各原子の束縛から離れて結晶全体を運動するようになり，その波動関数は広がって分布し量子力学的な運動量が減少するために凝集エネルギーが生じる．そのためこ

の電子が価電子となり Na 原子が二つ寄って共有結合をつくり，そこへ第三の Na 原子が近づくと，この原子とも，ある瞬間には共有結合をつくる．このことはつぎつぎと原子が加えられていっても同様である．つまり，共有結合がある一対の原子対にだけ局在せず結晶全体に広がって行われる結合を**金属結合**という．金属の電気抵抗率が小さいのは，このように自由に動き回れる電子（**伝導電子**）が，ほぼ原子の数に等しいだけ存在するからである．

以上述べたイオン結合，共有結合，金属結合は固体において，われわれが最もしばしばお目にかかるものであるが，このほかにネオンやアルゴンなどに見られるファンデルワールス力による結合や，氷，多くの有機固体，DNA 分子のらせん構造に見られる水素結合がある．

〔5〕混合結合

純粋な共有結合（たとえば Ge, Si, ダイヤモンド）や，純粋なイオン結合（たとえば NaCl）の固体はむしろ少なく，結合の中に共有性とイオン性が混ざっている場合が多い．例として III 族元素と V 族元素からなる，いわゆる III–V 族金属間化合物を考える．これらの金属間化合物は Si やゲルマニウム（Ge）と同様な半導体であって応用面でも重要な化合物半導体である．たとえばガリウム（Ga）とヒ素（As）の化合物であるヒ化ガリウム（GaAs）は，電子の移動度の大きな半導体である．Ga は最外殻が $4s^2 4p^1$，As は $4s^2 4p^3$ の電子配置をもつ．As から Ga へ電子が 1 個移れば，共に $4s^2 4p^2$ の電子配置となり，Si の場合と同様に，sp^3 混成軌道をつくることができる．しかし，この場合，Ga の閉殻は Ga^{3+} であるのに対し As の閉殻は As^{5+} となるから，クーロン引力により電子分布はいくらか As 側に寄る．すなわち，Si などの IV 族元素半導体に比べて結合に若干イオン性をもつようになる．この傾向は II 族と VI 族の間の化合物になるとより著しくなる．たとえば硫化カドミウム（CdS）は光に敏感な化合物半導体であって，結合は本質的には共有結合であるが，イオン性がかなり混じってくる．

以上のように，ほとんどの物質については，その結合様式が以上述べたような単一の結合様式によるものではない．

2・3 結晶のエネルギーバンド

　水素原子の場合のエネルギーレベルは，それぞれ1本の線で表されるが，水素の結晶になると，そのエネルギーレベルは広がって帯状になる．これを**エネルギーバンド**と呼ぶ．このことは次のように説明される．たとえば N 個の原子が集って1個の結晶を作る過程を考えると，これは多くの原子を結晶格子に並べて，その格子間隔を無限大から次第にその格子定数に近づけていくことと同等になる．最初，それぞれの原子に付属していた電子は相互作用がなく個別原子と同じであるが，各原子が互いに近づいてその軌道が重なるようになるとそれぞれの電子は結晶全体を運動するようになる．そうすると，ある特定の電子がどの原子に附属しているかは本質的に不明瞭になり，電子は程度の差こそあれ，N 個の原子全体に付属していると考えることができるようになる．しかし，電子はパウリの排他律に従うために一つの状態（この場合はエネルギー）を占有できる電子の数はたかだか一つであるために，その結果として最初一つであったエネルギーレベルは N 本に分離して幅をもち，**図 2・9** に示すように，エネルギーバンドを形成すると考えられる．エネルギーバンドの幅は数 eV 程度であるので，N がきわめて大きい場合にはバンドの中は，連続したエネルギーレベルと考えられるようになる．

　Si の場合，M 殻の価電子の総数は $4N$ 個であるから，エネルギーの低い下のバンドは電子で埋められている．これを**価電子帯**（valence band）あるいは，0 K

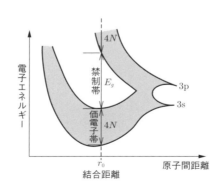

図 2・9　Si 結晶のエネルギーバンド形成

で価電子帯が価電子により完全に満たされている（充満している）ために，**充満帯**と呼ぶ．これに反して，価電子帯よりも電子のエネルギーの高いバンドにはほとんど電子が存在していないが，もしこのバンドに電子が存在すれば，これらの電子のエネルギーは価電子よりも大きい，言い換えると自由に運動しやすくなると解釈し，電気伝導に寄与するので，このバンドを**伝導帯**（conduction band）と呼ぶ．これら二つの帯の間は電子が存在することが許されないので，これを**禁制帯**（forbidden band）あるいは禁止帯と呼び，その幅 E_g を禁制帯幅あるいは**エネルギーギャップ**（energy gap）と呼ぶ．室温付近で典型的な半導体である Si は 3s，3p，ゲルマニウム Ge は 4s，4p 軌道が対象となり，ダイヤモンドと同様にバンドが二つに分かれると考えられる．

炭素原子の結晶であるダイヤモンドの場合，図 2·10 (a) に示すように，エネルギーギャップは広く（7 eV 程度），室温では，価電子帯から伝導帯に励起される電子はきわめて少ないため，導電率はきわめて小さく，絶縁体である．しかし図 2·10 (b) に示すように，Si や Ge では，エネルギーギャップが狭く，それぞれ 1.124 および 0.661 eV であるので，いくらかの電子が伝導帯に移って電気伝導を示す．この場合，温度が上がるに従って，伝導帯に励起される電子の数はさらに多くなり，導電率は増加する．このような物質が半導体である．原子の結合にあずかっている価電子は価電子帯に存在し，0 K では見かけ上動くことができないが，熱あるいは光によってエネルギーを得て伝導帯に**励起**（excitation）され，その原子から離れて結晶内をほぼ自由に動くことが可能である．

金属の場合には，図 2·10 (c) に示すように，価電子帯と伝導帯が重なっている

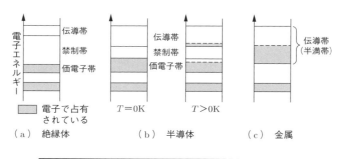

図 2·10 絶縁体，半導体，金属のエネルギーバンド

ことが多く,その結果,伝導帯は,半ば電子により占有されることになり,半満帯とも呼ばれる.電気伝導はそれら多数の電子によって行われるので,導電率はきわめて大きくなる.

2・4 分子のエネルギー準位

分子のエネルギーは,電子のエネルギーと原子核の運動エネルギーに大別できる.電子のエネルギーの中でも,外場の影響を受け,電磁気学的光学的な性質に関係するのは分子軌道のエネルギー ε_e である.一方,原子核の運動には,並進運動,回転運動,振動運動があるが,並進運動のエネルギーは連続量であり,回転,振動運動のエネルギーに比べてはるかに小さく無視できる.回転運動,振動運動は量子化された回転準位 ε_r,振動準位 ε_v を形成する.すなわち,分子全体のエネルギー E は,これらのエネルギー準位の和として

$$E = \varepsilon_e + \varepsilon_v + \varepsilon_r \tag{2・5}$$

となる.

〔1〕電子準位

有機分子の根幹元素である炭素は,孤立状態では $1s^2$,$2s^2$,$2p^2$ の電子配置をとるが,周囲の元素と相互作用することにより混成軌道を形成する.sp^3 混成軌道は σ 結合のみを形成するのに対して,sp^2 あるいは sp 混成軌道は,一つの σ 結合のほかに一つあるいは二つの π 結合を作る.その一例として,図 2・11 に sp^2 混成軌道から二重結合ができるようすを示す.二つの炭素原子のそれぞれ一つの sp^2 軌道が接近すると,パウリの排他律の要請により準位の分裂が起こり二つのエネルギー準位が形成される.下の準位では波動関数の位相がそろい結合性軌道が形成されるが,上の準位では反結合性軌道となる.一方,p_z 軌道同士も同様に結合性軌道と反結合性軌道に分裂するが,sp^2 軌道の波動関数に比べて重なりが少ないため,相対的に分裂幅は小さくなる.結果的に $2sp^2$ 電子,すなわち σ 電子と $2p_z$ 電子すなわち π 電子による二つの結合が形成され二重結合となる.二重結合のうち,π 電子が作る π 結合は,相対的に弱い結合で,可視域波長の光(エネルギーが 2 eV 程度)の照射により分断される.すなわち,π 電子は容易に結合性軌道(π

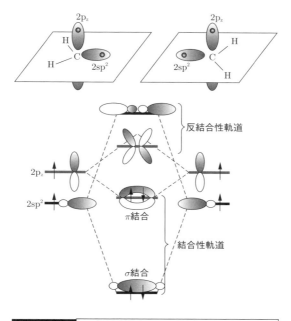

図 2・11 sp^2 混成軌道から二重結合ができるようす

軌道)から反結合性軌道(π^* 軌道)に励起される.この π 電子の励起が,有機物の可視域での光吸収の高さにつながり,電子光機能性材料として用いられる.

このような分子内の電子状態は,分子軌道法,密度汎関数法などの数値解析により比較的容易に見積もることができる.たとえば,**図 2·12** は,四つの炭素から構成され,それぞれに π 電子をもつブタジエンの電子配置を単純 Hückel 法を用いて求めたものである.ここで,α はクーロン積分,β は共鳴積分であり,いずれも負数である.四つの π 電子に対して,四つの分子軌道準位が形成され,基底状態では分子軌道 ψ_1 と ψ_2 に二つずつ電子がつまっている.電子がつまった最上位の準位を**最高被占準位**(Highest Occupied Molecular Orbital: HOMO)と呼び,電子がつまっていない再下端の準位を**最低空準位**(Lowest Unoccupied Molecular Orbital: LUMO)と呼ぶ.それぞれの分子軌道の波動関数も示している.いずれも四つの炭素原子の原子軌道($2p_z$ 軌道)の線形結合(LCAO 法)で表現している.エネルギーが高くなるにつれて波動関数の節の数が増大し,結合性が低下していることがわかる.

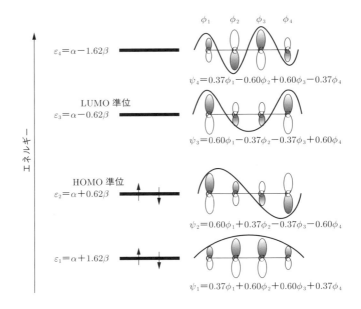

図 2・12 単純 Hückel 法を用いて求めた，ブタジエンの電子配置

図 2·13 は，ブタジエンの電子配置と電子状態を示している．電子配置は，個々の分子軌道にどのように電子がつまっているのかを示したもので，その電子配置から求めた分子全体の電子のエネルギーを表したものが電子状態である．この電子状態中のエネルギー準位が，π 電子の電子準位 ε_e を表すことになる．

〔2〕振動準位

分子を構成する原子は共有結合などで結ばれ，原子間距離だけ隔たった平衡位置を中心に振動している．たとえば，図 2·14 のように質量 m_1，m_2 の二つの原子がバネ定数 k のバネで連結された 2 原子分子モデルを考える．このときの振動運動に基づくエネルギーは

$$\varepsilon_v = \hbar\omega\left(v + \frac{1}{2}\right) \tag{2·6}$$

のように離散的な値をとる．ここで，v は振動量子数（$v = 0, 1, 2, \cdots$），ω は固有角振動数であり次のように書ける．

$$\omega = \sqrt{\frac{k(m_1 + m_2)}{m_1 m_2}} \tag{2·7}$$

2・4 分子のエネルギー準位

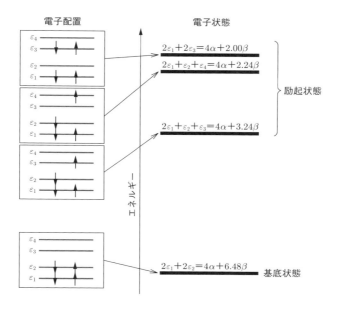

図2・13 ブタジエンの電子配置と電子状態

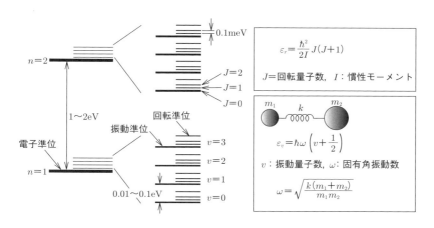

図2・14 バネで連結された2原子分子モデル

この量子化されたエネルギー準位を**振動準位**（vibrational state）と呼ぶ．振動準位の準位間隔は，約 $0.01 \sim 0.1\,\mathrm{eV}$ 程度である．

〔3〕回転準位

分子を剛体と考え，その回転運動に伴う**回転準位**（rotational state）は，次のように表される．

$$\varepsilon_r = \frac{\hbar^2}{2I}J(J+1) \tag{2・8}$$

ここで，J は回転量子数（$J = 0, 1, 2, \cdots$），I は慣性モーメントである．回転準位は，$10^{-4}\,\mathrm{eV}$ 程度と電子準位，振動準位に比べて非常に小さく，分光スペクトル上では連続量のように観測される．電子準位，振動準位，回転準位の関係は，図 2・14 のようになる．

演習問題

1 SC 格子，BCC 格子，FCC 格子，ダイヤモンド構造格子に対して，同一の剛体球を，その中心が格子点に一致するように配置するとき，単位格子内で当該剛体球が占有する体積が単位格子の体積に対して最大となる比率（充てん率）を求めよ．

2 立方晶系の場合，SC 格子の場合，基本並進ベクトルを $\boldsymbol{a} = (1,0,0)a$, $\boldsymbol{b} = (0,1,0)a$, $\boldsymbol{c} = (0,0,1)a$ と表すとき，BCC，FCC 格子の基本並進ベクトルを同様にして表せ．

3 Si のダイヤモンド型結晶 $1\,\mathrm{m}^3$ 内の原子数を，以下の 2 通りの方法で算出せよ．
(1) 図 2・5 に示す単位格子の格子定数 $a = 0.5431\,\mathrm{nm}$ より
(2) アボガドロ定数 $N_\mathrm{A} = 6.02252 \times 10^{23}\,\mathrm{mol}^{-1}$, 密度：$2.42\,\mathrm{g/cm^3}$, Si の原子量：28.0855 より

4 式 (2・4) で与えられる岩塩結晶のマーデルング定数 A を，Na^+ に近い順に第 12 項までについて計算せよ．

5 水素も Na も最外殻 s 軌道の電子により結合が形成されるが，なぜ，常温常圧下では，Na のみ金属結合となるのか，その理由を考えよ．また，IV 族元素半導

演習問題

体の C, Si, Ge は最外殻電子の配置は同様（s^2, p^2）であるにもかかわらず，その特性が大きく異なるのはなぜか．（発展問題）

6 σ 結合と π 結合との相違を述べよ．（発展問題）

7 IV 族元素半導体（固体）の価電子帯・伝導帯と分子軌道の HOMO・LUMO との相関性を述べよ．（発展問題）

3章 電気電子材料の主な作製方法

　各材料が有する性質や機能を十分活用するうえで，その材料の高品質化は不可欠であり，各材料にはその性質に絡んだ適切な作製方法がある．そのような高品質材料の作製方法は各材料の特徴の一つでもあるため，基本的な作製方法を知っておくことは，電気電子材料を広く把握するうえで重要である．そのため，本章では，電気電子材料を作製する主な方法について学ぶ．

3·1 結晶材料の成長方法

　結晶材料を作る場合，物質により，また結晶構造により，さまざまな結晶の成長方法がある．結晶成長には，次の二つの共通する過程がある．一つは，結晶成長にかかわる材料を単独の原子や分子に分解する，もしくは固相中の原子の運動を活発化する過程である．もう一つは，結晶核あるいは種結晶まで輸送して析出する過程である．結晶成長を輸送過程で分類すると，気相・液相・固相からの結晶成長がある．本章では，代表的な結晶成長法のいくつかについて記述する．

〔1〕引上げ法（CZ法）

　液相からの結晶成長で，大口径で高純度の単結晶シリコン（Si）を作る方法として知られている．集積回路に用いる Si 基板の純度は，99.999999999%以上である．9が11個並んでいることから，イレブン・ナインとも呼ばれる．鋳塊を意味するインゴット（ingot）と呼ばれる，太い棒状の Si 単結晶を作る方法には，ここで述べる**引上げ法**と，次項で述べる**浮遊帯域法**がある．工業的に用いられる Si 単結晶の多くは，量産と低コスト化に優れた引上げ法で作られる．

　引上げ法は，発明者（Czochralski）の名をとって，**CZ法**とも呼ぶ．引上げ炉の構成と，Si 単結晶の例を用いた CZ 法の概念を図 3·1 に示す．砕いた高純度の多結晶 Si を石英製のるつぼに入れて，ヒータで加熱して，融点よりわずかに高温の

3・1 結晶材料の成長方法

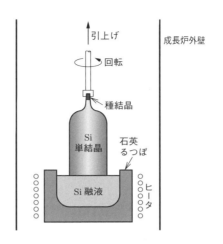

図 3・1　引上げ炉の構成と CZ 法の概念

溶融状態に保つ．Si の酸化を防止するため，炉内の雰囲気は不活性ガスのアルゴン（Ar）である．上部から種結晶（Si 単結晶の小片）を下ろし，Si 融液の上端に接触する．種結晶を徐々に引き上げて，種結晶と同じ結晶方位の単結晶インゴットを成長する．直径が 300 mm（12 インチ）で長さが 1 m のインゴットの重さは 165 kg になる．Si 単結晶インゴットとウェハを図 3・2 に示す．

図 3・2　シリコン単結晶のインゴットとウェハ（株式会社 SUMCO 提供）

35

引上げの際は，種結晶とるつぼを反対方向にゆっくりと回転する．この回転は，るつぼ内の融液の温度分布と不純物分布を均一にする効果がある．工業的に用いられる引上げ結晶では，引上げの最初から最後まで目標の直径に保たねばならない．そのため，結晶成長中の温度と成長界面の形状を安定に制御する必要がある．

CZ法では，結晶方位が決まった大口径の単結晶が得られ，成長した結晶が炉壁などに接しないために，冷却時の残留ストレスが少ないなどの特長がある．しかしながら，CZ法で作製したSi中には，るつぼの石英（SiO_2）からSi融液中に溶け出した酸素が不純物として混入する．単結晶中に析出したSi酸化物により，その周辺にストレスや結晶欠陥が生じ，集積回路の電気特性を劣化する原因となる．

石英るつぼを低温化することで，るつぼ内の表面にSi融液との反応による小片の発生を抑制し，結晶中の酸素濃度を減少し，結晶成長の歩留りを向上する手法が用いられている．また，Arガスの流れを制御することで，ヒータや成長炉からの炭素汚染を抑制している．これらにより，少数キャリヤのライフタイムが改善し，太陽電池の変換効率の向上に貢献している．

引上げ結晶の大口径化に伴って，Si融液の深さが増加し，従来の結晶とるつぼの回転などでは，融液の自然対流を増大することが困難になっている．そのため，最近では，融液に水平や垂直の磁場を印加してローレンツ力で融液の流れを制御する **MCZ**（magnetic field-applied Czochralski）**法**が用いられている．

〔2〕浮遊帯域法（FZ法）

CZ法では，前項で説明したようにSi中への酸素の混入が避けられない．そのため，高耐圧デバイスを作製する上で障害となる．**浮遊帯域法**（**FZ法**：floating zone）では，るつぼを用いないため，酸素含有量を抑えることができる．FZ法による単結晶成長の概念を**図3·3**に示す．FZ法では，Arガス中に棒状の多結晶Siを吊り，高周波をコイルに印加する誘導加熱法を用いて，棒の一部を帯状に溶融する．溶液部分に種結晶を接触し，帯状の溶融部を徐々に上に移動して，全体を単結晶化しインゴットを形成する．

FZ法では，無転位の単結晶を作りやすいが，帯状の溶融部のSiにかかる重力と表面張力，さらには高周波によるローレンツ力が完全につりあわなくてはならない．そのため大口径が困難で，コストが重視される大規模集積回路用のSi単結晶の製造には，ほとんど使われていない．

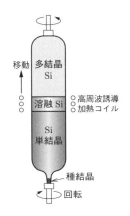

図3・3 浮遊帯域法（FZ法）による単結晶成長

〔3〕ブリッジマン法

多くの単結晶の成長は，種結晶から開始される．この種結晶は，成長させる材料と同一の場合（ホモ核形成）もあれば，格子定数や結合力が似ている異なる材料の場合（ヘテロ核形成）もある．**ブリッジマン法**（Bridgeman method）は，自然に結晶成長が生じるように工夫された半導体結晶作製のための古典的な結晶成長法の一つである．

（a）融液からの核形成と種結晶の選択

融点よりわずかに高い温度の融液の温度を少しずつ下げると，全体が結晶化する前に大きさの異なる核が確率論的に形成される．系の自由エネルギー F_T の内，その核と融液との界面で生じる界面成分を F_{LS}，その核の体積（固相）成分の変化を ΔF_{SV} とすると，F_T の変化 ΔF_T は

$$\Delta F_T = -\Delta F_{SV} + F_{LS} \tag{3・1}$$

と表される．核のサイズを r とすると $\Delta F_{SV} \propto r^3$ および $F_{LS} \propto r^2$ が近似的に成立することより，r がある（臨界）値を超え，$\Delta F_T < 0$ が満たされるようになると，その核はさらに大きく成長し，$\Delta F_T > 0$ となる小さなサイズの核は溶けて融液に戻る過程が支配的になる．典型的な臨界サイズの核には100〜1000個程度の原子が含まれる．融液をさらに温度を下げて融点以下にすると，臨界サイズ以上の核が成長するので，形成すべき核の個数を決める上で融液の降温プロセスは

重要になる.

単結晶を成長するには,最も適切な核を一つのみ選定する必要がある.ブリッジマン法では,結晶化用の管の一方の先端を細く先鋭化し,その先端の温度が最初に下がるように温度勾配のある炉中を結晶化用の管全体がゆっくり移動することにより,先端部に選択すべき核が自然に形成される.この際,先端部に不純物があればホモ核形成にはならない可能性が高くなるので,融液中にはほこりや汚染などが全くない状態を確保することが肝要である.

(b) ブリッジマン法の具体例

Bridgeman により 1925 年に提唱された上記の原理に基づいた方法で,典型的なブリッジマン法の炉(図 3·4)の構成は以下のようなものとなっている.融液の降温プロセスでは,融点 T_m 近傍の温度勾配 $1\sim5\,\mathrm{K/mm}$ がある炉の中を,融液が満たされている管の先鋭化した先端部を $1\sim30\,\mathrm{mm/h}$ の速度で移動させる.この降温プロセスにより,自然核形成,その選択,および結晶成長が連続的に行われる.ブリッジマン法では,比較的容易に単結晶成長が行える可能性のある方法であり,使用する管内に必要な原材料のみを封入できる場合は,成長環境を制御しやすい結晶成長法である.他方,管内壁から融液への不純物の拡散や降温プロセスにおける成長した結晶と管との熱膨張率の相違が問題になることがある.

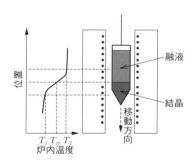

図 3·4　ブリッジマン法による結晶成長(概念図)

〔4〕帯融精製法

固体中の不純物の溶解度は固相と液相で異なり,固相の方が少ないため,固相の一部のみを溶融し,その融帯領域を移動させると液相に不純物が移動する.原理的

な炉の構成は，FZ法と同様である．(棒状の) 結晶にこの精製現象を繰り返し活用することにより，高純度結晶試料が得られ，**帯融精製法** (zone refining method) と呼ばれている．帯融精製法の場合には，固体試料の一部のみを液相にすればよいので，試料の保持方法を工夫することにより，ブリッジマン法で不純物混入の原因となり得る管壁との接触を避けることができる．固相と液相との間の不純物分布係数の相違を**偏析係数**と呼び，その値が1以下ならば液相の方がよく溶け込むことを意味する．表3·1に代表的な半導体結晶であるSiとGaAsにおける典型的な偏析係数を示す．

表 3·1 SiとGaAs中における不純物の偏析係数

不純物 X	Si:X	GaAs:X
B	0.8	
Ga	8.0×10^{-3}	
In	4.0×10^{-4}	$0.1 \sim 0.007$
Sn	0.016	$0.03 \sim 0.0035$
P	0.35	$2.0 \sim 3.0$
As	0.3	
Sb	0.023	0.016
O	1.4	0.3
S	1.0×10^{-5}	0.3
Cr	1.0×10^{-5}	$10^{-3} \sim 5.7 \times 10^{-4}$
Fe	6.0×10^{-5}	$10^{-3} \sim 3.0 \times 10^{-3}$
Ni	8.0×10^{-6}	6.0×10^{-4}

3·2 エピタキシャル成長法

[1] 結晶成長の基本的要素

試料全体にわたり同一の周期的原子配置構造を有する単結晶の成長方法を論じるには，結晶成長の基本的要素を知ることが必要である．結晶成長では，(a) 種結晶表面への原子または分子の輸送，(b) 表面での吸着と脱離とのバランス，(c) 表面上の最安定位置へ移動 (拡散)・結合 (融合)，および (d) 結合 (融合) により生じる熱の除去 (放出) が重要な要素である．

種結晶の表面が過飽和状態の液相(または気相)に接しながら,1原子層ごとに層状(layer-by-layer)成長する状況を考える.この場合は1原子層の成長が完了した際には新たに二次元の核形成が必要となり,結晶成長はそのプロセスで律速される.

図3·5に示すような結晶の原子面を考える.(1)不完全な原子列の内側の角(キンク位置)で結合すると最も系の自由エネルギーが低下するため,表面上の原子の拡散によりその位置で最も強く,速く結合しやすい.同様なプロセスはその原子列が完全なものとなるまで続く.(2)表面が完全原子列のみで覆われている場合,最も自由エネルギーが下がる原子ステップがある端(ステップ端)に吸着する.この状態は(1)と同等であるので,結局,表面で新たな二次元核形成が生じなければ,ステップのない原子面で表面が完全に覆われるまで成長プロセスが続くことになる.成長速度は上記の(a)〜(d)の4項目で決まる.たとえば,吸着過程が最重要プロセスの場合,過飽和度が低ければ欠陥の少ない結晶が形成されやすくなる.

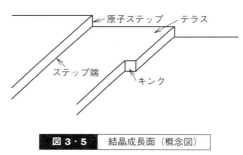

図3·5 結晶成長面(概念図)

〔2〕ホモエピタキシーとヘテロエピタキシー,およびその方法

結晶層のエピタキシャル成長(epitaxial growth)は,より制御された状態の結晶成長プロセスにより達成され,次のようなさまざまの方法を用いて行われる.蒸着法,分子線エピタキシー法,原子層エピタキシー法,液相エピタキシー法,化学気相堆積法やスパッタリング法などがある.

エピタキシーとは整然とした配列状態のことでありその概念は,基板結晶Aの上に結晶Bを成長させた場合に,結晶構造やその方向が連続的につながっている状態のことをいう.歴史的には,最初にアルカリハライドの上のヘテロエピタ

キシーが解析された（1908）が，現在の半導体デバイス作製プロセスにおいてはホモエピタキシーもヘテロエピタキシーと同程度に重要であり，超格子構造は両者の周期的な活用により形成される．

〔3〕液相エピタキシー

液相エピタキシー（Liquid Phase Epitaxy，LPE）では結晶基板表面への材料の輸送は，通常，高温下のわずかに過飽和状態となっている融液から行われる．これは，成長層との融液との界面の形態を制御しやすいようにするためである．具体的には，数 nm から 100 μm を超える膜が LPE 法により容易に形成されている．また，LPE の場合は，融液材料が効率よく消費（活用）されることも長所となっている．他方，融液が低い過飽和状態では二次元核形成が生じないので，原子ステップが重要となる LPE を行うには使用する基板に事前にステップを形成しておく必要があり，このため，表面エネルギーが低く安定な低指数結晶面からわずかに傾いた微斜面が用いられる．

〔4〕気相エピタキシー

（a）真空蒸着法

蒸着法により薄膜を形成する場合，真空容器が必要であるが，真空容器内の真空度が悪いと蒸着物質が基板に到達する前に残存ガス分子と衝突するため，よい真空度を保つ必要がある．残留ガス分子の分子量を M とすると，真空度 p〔Pa〕および温度 T〔K〕における単位面積当たりの衝突頻度 r_{imp}〔cm$^{-2}\cdot$s^{-1}〕は

$$r_{\mathrm{imp}} \cong 2.6 \times 10^{20} \cdot \frac{p}{\sqrt{MT}} \tag{3・2}$$

で与えられるから，$p = 1\times 10^{-4}$ Pa で $r_{\mathrm{imp}} \approx 1\,\mathrm{monolayer/s}$（1 monolayer $=$ 1 原子層の原子の面密度）となる．したがって，残留ガスの影響を避けるには 1×10^{-4} Pa より十分よい真空度が必要である．

材料の蒸着速度はその材料の気化熱 ΔH や温度 T に依存し，その蒸気圧 p_e は熱平衡状態ではボルツマン定数を k_B とすれば定数（圧力）p_0 を用いて

$$p_e = p_0 \exp\left(-\frac{\Delta H}{k_\mathrm{B} T}\right) \tag{3・3}$$

と表せる．化合物になると気化しやすい成分が蒸着されやすいため，より複雑な依存性となる．その影響を抑制する方法として，少量の蒸着源を瞬時に完全に蒸

着させ，それを繰り返すフラッシュ蒸着法が提案されている．

（b） 分子線エピタキシー法

真空度を少なくとも 4 桁程度以上よくし，10^{-8} Pa オーダ以下にしたうえ，結晶面を選定した基板結晶の表面を十分清浄化し，蒸着速度を大幅に低下させる（0.1 monolayer/s 程度）ことにより，エピタキシャル成長ができる．この場合，蒸着源から飛び出した分子（原子）は他の分子と反応（結合）せずに基板まで到達し，ビーム状の分子（原子）の流れ，すなわち分子線となっていることから，このようなエピタキシーは**分子線エピタキシー**（Molecular Beam Epitaxy, MBE）と呼ばれている．

分子線は単体の蒸着源の場合，ラングミュア（Langmuir）形セルにより形成され，その分子線束（単位時間・単位面積当たりの到達する分子数）は式 (3·2) の圧力 p をセルの圧力に置換えることにより見積もられる．分子線源の原料が化合物の場合，安定な分子線として機能させるにはセル内を熱平衡状態にする必要があるが，熱平衡状態にあるセルはクヌードセン（Knudsen）セル，あるいは K セルと呼ばれる（このため，分子線源はすべて K セルと呼ばれたこともあった）．MBE 装置のチャンバ内壁からのガス放出を抑制するため，通常，できるだけ多くの領域が液体窒素で冷却したシュラウドで覆われる．各分子線源の出口にはシャッタがあり，分子線束を制御することにより所望の組成のエピタキシャル膜を成長させる（図 3·6）．

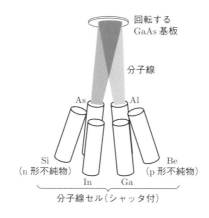

図 3·6　分子線エピタキシー法（概念図）

（c） 原子層エピタキシー

　全構成元素の蒸気圧が，作製しようとする化合物の蒸気圧より高い場合に行われる MBE 成長は，しばしば蒸着源が律速する成膜過程ではなく，表面反応が律速する成膜過程となる．適正な吸着位置を見つけた表面原子における付着係数の相違はその位置における化学吸着エネルギーの相違で決まり，吸着がおこる位置がほとんど残っていない場合は，吸着エネルギーは非常に小さい．

　たとえば，図 3·7 に示すように，A 原子または B 原子のいずれか一方，たとえば A 原子が表面を完全に覆い A 原子の単原子層がある場合，A 原子をさらに供給しても吸着されないが，もう一方の B 原子を供給すると B 原子は高い吸着率で吸着され，最終的に表面が B 原子で覆われた B 原子の単原子層が完成するまで B 原子の吸着が続く．A 原子と B 原子を入れ換えてもそれぞれの単原子層が形成される場合，この形成プロセスを交互に繰り返すことによりエピタキシャル膜が形成できる．このような形成プロセスは特に**原子層エピタキシー**（Atomic Layer Epitaxy，ALE）と呼ばれている．

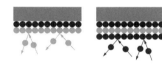

色の違いは異なる原子を表す．

図 3·7　原子層エピタキシー法（概念図）

3·3　化学気相堆積法

〔1〕CVD 法の基本原理

　化学気相堆積（Chemical Vapor Deposition，CVD）**法**の原理は，液相成長の基本原理と概ね同様で，図 3·8（a）に示すように，①気相での原材料物質の輸送，②基板近傍での気相化学反応，③基板表面への吸着・反応・拡散，④安定位置での取込み，⑤反応生成物の脱離，および⑥反応生成物・反応副産物ガスの排気によって，基板上に膜が堆積される．

　気相の結晶成長では，基板表面またはその近傍での供給ガスの分解や化学反応

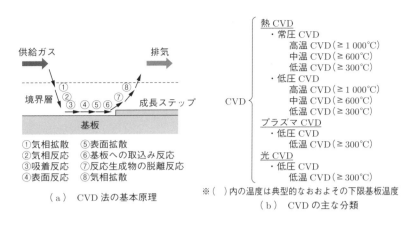

図3・8 CVD法の基本原理（概念図）とその主な分類

で生じた（不要な）副産物の廃棄が行われるため，通常さまざまな組成のガスが介在している．結晶成長速度は，輸送プロセス（①），分解・反応プロセス（②〜④），および廃棄プロセス（⑤，⑥）の速度によって決定される．通常のCVD法による結晶成長では熱平衡条件に近い環境下で行われるため，非常に高品質の結晶層が形成されやすく，市販製品の生産プロセスへの拡張もしばしば行われている．

CVD法は半導体結晶の成長以外にも，金属，セラミックス，有機高分子などの生成にも用いられ，その種類も多い．CVD法の分類方法も，使用する材料，励起方法，圧力，温度や装置に基づいたものがあるが，図3・8（b）に示すように，励起方法によって分類した，熱CVD，光CVD，プラズマCVD，および化合物半導体の作製によく用いられる有機金属（MO）CVDを取り上げる．

〔2〕熱CVD法

熱CVD法は基板の加熱により，必要な反応種を励起するCVD法であるため，比較的安価な装置で成膜できる．電気炉などで反応管全体を加熱する方法（ホットウォール法），および高周波（Radio Frequency, RF）や赤外線ランプなどによって基板のみ加熱する方法（コールドウォール法）に分類される．シリコン半導体プロセスでは多く用いられ，Si単結晶膜のエピタキシャル成長，および多結晶Si膜，Si_3N_4膜やSiO_2膜の作製が行われている．通常の熱CVD法では，基板表面

への吸着と反応が同時進行するが,化合物半導体の場合は2種類以上のガスの供給切換(制御)により原子層成長も行われる.

〔3〕光 CVD 法

光 CVD 法は紫外線のエネルギーの大きい光を照射し電子励起を行うことにより,上記〔1〕②~④のプロセスで,熱だけでは生じない反応を光照射により生じさせ,必要な反応種を励起する CVD 法である.光源にはエキシマレーザなどのコヒーレント光,または水銀ランプなどのインコヒーレント光が用いられる.このため,光 CVD 法は,(a) 低温プロセスである,(b) イオンが生成されるプラズマ CVD 法に比べ,光 CVD 法はイオンが発生しないためイオン照射による欠陥形成は生じない,(c) 照射光の波長の選択により特定の反応ガスのみを励起できるため光反応の選択性がある,(d) レーザ光を用いて局所的に照射すれば選択成長も可能である,などの特徴がある.

また,励起光に対する反応ガスの吸収係数が小さい場合,ガス系に極微量添加された水銀を一旦光励起させると反応ガスとの衝突を通してエネルギー輸送が生じる現象(水銀増感反応)を利用すれば,反応ガスの分解が可能となる.水銀増感反応を用いて,200°C の低温でも Si エピタキシャル成長ができる.その他,赤外線 CO_2 レーザ光により反応ガスの特定の分子振動を共鳴現象により高効率で励起することにより,反応ガスを熱分解させる方法もある.

〔4〕プラズマ CVD 法

プラズマ CVD 法はプラズマの一種である RF グロー放電などにより原料ガスを分解し,温度制御した基板の上に堆積させる CVD 法である.プラズマの発生は,容量結合形 RF,誘導結合形 RF,電子サイクロトロン共鳴(ECR),ヘリコン波などにより行われ,後者の3方式は前者に比べ低圧力で高密度プラズマが得られやい.

典型的な圧力 30 Pa 程度における RF グロー放電(プラズマ)の場合,ガス温度が 500~700 K であるのに対し,印加電界で電子が加速されるため電子温度は $\approx 10^4$ K にも達しており,非平衡プラズマ状態となっている.高エネルギー電子は,励起分子,励起原子,遊離基,イオンなどを励起して緩和し,反応に必要な励起種(ラジカル種)が生成される.容量結合形 RF プラズマでは,質量の軽い

電子のみ高周波に追随して運動できるのに対し，イオンはほとんど静止状態となるので，RF電源につながれたパワー電極（カソード電極）は，アース（接地）電極に対して負に自己バイアスされる．このバイアスは，そのパワー電極に直結されているコンデンサへの電荷の蓄積によって生じ，印加RF電圧の振幅程度にもなる（形式上は直流放電の場合と類似しており，正の空間電荷がカソード電極側に蓄積される）．

RFプラズマの場合に得られる高エネルギーイオンが問題となる場合は，マイクロ波（Microwave，MW）を用いるMWプラズマ，あるいはMWに磁界をさらに印加する電子サイクロトロン共鳴（Electron Cyclotron Resonance，ECR）プラズマが使用される．MWプラズマCVD法の場合，使用ガス圧力は大気圧程度のものもあり，高品質ダイヤモンドの合成に使用されている．ECRプラズマCVD法の場合は，電子のECR運動により低ガス圧（$10^{-3} \sim 10^{-1}$ Pa）でも電子がMWエネルギーを高効率で吸収し加速されるため，高密度で高活性なプラズマが発生される．また，印加される発散磁界によるイオンの引き出し効果のため生じる自己バイアス電位は20〜30Vであるため，20〜30eVのエネルギーのイオンを損傷はほとんど与えずに基板へ照射できる．もっと高エネルギーのイオンが必要な場合は，RF高周波を更に重畳するバイアスECRプラズマCVD法が適用される．

〔5〕有機金属気相成長法

有機金属気相成長MOCVD（Metalorganic CVD）法は容易に熱分解する有機金属化合物を原料として用いるCVD法であり，単結晶基板上へのホモエピタキシャル成長の場合は**MOVPE**（Metalorganic Vapor Phase Epitaxy）とも呼ばれる．結晶性や純度では他の手法で作製したものと同等以上の者が得られるようになっている．

MOCVD法の主な特徴は，(a) 成長速度，混晶組成やキャリヤ生成用不純物濃度の制御を，ガスの流量制御により容易に行える，(b) 従来の気相成長法と比べ適用できる材料系が多い，(c) 界面の急峻性が優れたヘテロ構造が作製できる，(d) 低温成長が可能である，および (e) 非平衡性が大きい成長法であるため熱平衡に近い条件下でなくても合成できる可能性があることがあげられる．

なお，有機金属化合物は，金属と炭素との直接結合がある化合物と定義され，主なものを**表3·2**に示したが，そのような直接結合のない金属を含む有機化合物も

表 3・2　主な MOCVD 半導体用有機金属源

周期表の族	記号（化合物）
IIa	Cp$_2$Mg (biscyclopentadienylmagnesium)
IIb	DMZn (dimethylzinc), DEZn (diethylzinc), DMCd, DMHg, DEHg
IIIa	TMAl (trimethylaluminum), TMGa, TEGa (triethylgallium), TMIn, TEIn
IVa	TMSn (tetramethyltin), TESn (tetramethyltin), TEPb, TEPb
Va	TEP (triethylphosphine), TMSb (trimethylantimony), TMAs
VIa	DMTe (dimethyltelluride), DETe (diethyltellide)

比較的低温で分解できる場合は MOCVD 法と呼ばれることが多い．

　MOCVD 法における成長機構で注意すべき点は，原料の輸送状態が異なることである．すなわち，反応室内における原料ガスは層流状態であるが，ガスの粘性のため反応室内壁や基板表面では流速はほぼゼロで，その近傍も流速の遅い境界層領域が形成されるため，MOCVD 法の場合，原料は例えば，式 (3·4) のような化学反応を伴いながら，境界層中を拡散することにより基板表面に輸送される．

$$\left.\begin{array}{r}(1-x)\text{Ga}(\text{CH}_3)_3 \\ x\text{Al}(\text{CH}_3)_3\end{array}\right\} + \text{AsH}_3 \rightarrow \text{Al}_x\text{Ga}_{1-x}\text{As} + 3\text{CH}_4 \qquad (3\cdot4)$$

演習問題

1　CZ 法で単結晶インゴットを引き上げる際に，引上げ軸を中心に回転するが，これが単結晶に与える効果を記せ．

2　核形成される核の形状が半径 r の球状であるとし，系の自由エネルギーの変化が次式で表される場合を考える．ただし，$a_{SV} > 0$, $b_{LS} > 0$ である．

$$\Delta F_T = -\frac{4\pi}{3}r^3 a_{SV} + 4\pi r^2 b_{LS}$$

(1) $a_{SV} > 0$, $b_{LS} > 0$ である理由を定性的に説明せよ．
(2) 核成長が続くと期待される核の臨界半径 r_C を求めよ．
(3) $r = r_C$ において，ΔF_T とその界面（表面）成分との関係を求めよ．

3　エピタキシャル成長に関する以下の問に答えよ．
(1) キンク位置の方が，ステップ端よりもより不安定で，吸着されやすい理由

を記せ.
(2) 超格子構造はホモエピタキシーとヘテロエピタキシーの周期的な活用で形成される. 具体例をあげて, 両プロセスがどのように使用されているか説明せよ.
(3) 式 (3·2) より, 圧力 1×10^{-4} Pa の残留ガスが窒素ガスのみからなるものとして, 室温で $r_{\mathrm{imp}} \approx 1\,\mathrm{monolayer/s}$ 程度であることを示せ. また, 同式は分子運動論より導出され, m_{res} を残留ガスの質量とし, k_B をボルツマン定数とすると, 次式で表される.

$$r_{\mathrm{imp}} = \frac{p}{\sqrt{2\pi m_{\mathrm{res}} k_\mathrm{B} T}}$$

上式より, 式 (3·2) の数値と単位とが導出できることを確かめよ.

4 CVD 法に関する以下の問に答えよ.
(1) 種々の CVD 法の特徴を述べよ.
(2) 適切な幾何学配置では磁界強度 B 中における ECR 運動の角周波数 ω_C は, 電子の電荷 (の大きさ) と質量とを, それぞれ e と m とすると, $\omega_C = eB/m$, で与えられる. 周波数 2.45 GHz のマイクロ波を印加し ECR プラズマ CVD 法を行う場合, 必要な磁界の強度とその単位を求めよ.

4章 シリコン半導体

電子機器の飛躍的な性能向上や多機能化は，半導体デバイスの高集積化や高速化・高周波化などの進展によるところである．中でもシリコン（Si）半導体は，情報通信化社会を支える基盤技術であり，ほとんどすべての電子機器を構成する必須部品であるといっても過言ではない．Si 半導体を構築するための技術は非常に幅広く，数多くの作製プロセスの集約により成り立っている．本章では，Si ウェハの作製プロセスから，Si 半導体素子を作製するために用いる主な工程の概要について述べる．

4・1 シリコンウェハの作製プロセス

図 3·2 に示した Si のインゴットは，不完全な領域を取り除いた後に，直径を決めるためにインゴットの側面を研磨し，円柱に成形する．その後，結晶面方位を示すために，円柱の長さに沿って，平坦な面を形成する．これは**オリフラ**（orientation flat の略）と呼ばれ，半導体製造装置での自動的位置合わせや，素子と結晶面方位との関係を知るために利用される．最近ではオリフラではなく，ウェハのむだな部分を減らすために，**ノッチ**と呼ばれる小さな切込みで，代用されている（**図 4·1**のウェハ形状に示した）．

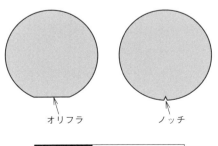

図 4·1　Si ウェハの形状

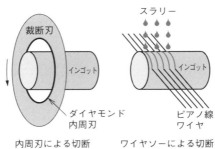

図4・2 インゴットからのウェハ切り出し（slicing）

　上記の処理の後，円柱状のSiを厚さ1mm程度にスライスして，ウェハ状にする．この**スライシング**（slicing）は図4・2に示したように，内枠に工業ダイヤモンド粉を貼り付けた，薄いステンレス製の裁断刃が回転する内周刃切断機か，ピアノ線ワイヤと砥粒液（スラリー）を用いたワイヤソーで行う．ウェハは面取りの後，スライシングによって結晶のダメージを受けている表面の加工変質層を除去するために，細粒の研磨剤を含む研磨液を用いて，**ラッピング**（lapping）と呼ばれる機械研磨処理を施して，ウェハ両面を平坦にし，最後に**ポリッシング**（polishing）と呼ばれる化学的機械研磨で，ウェハの片面を鏡面にする．以上の加工工程により，図4・1に示した形状のウェハとなる．

　最も一般的なSiウェハの表面は，(100)面である．これはシリコン酸化膜とSiの界面のトラップ準位密度などが，MOS（metal-oxide-semiconductor）トランジスタの電気特性に大きく影響し，(100)面の場合に良好になるためである．ウェハの品質は，直径や厚さの規格のほかにも，反りや平坦度も厳しい仕様で管理されている．さらに，電気的特性に関しても，抵抗率やキャリヤ寿命の規格があり，ほかにも酸素濃度や表面近傍の微小欠陥などが制御されている．

　半導体素子のニーズに合わせた特殊な仕様のウェハもある．それらには，ウェハ表面の結晶性を高めるために，ウェハを水素やアルゴン雰囲気中で高温処理したアニールウェハや，エピタキシャル成長により基板と異なる抵抗率の単結晶Si薄膜などを表面に設けたエピタキシャルウェハなどがある．

　さらに，トランジスタを作製するSi単結晶領域（活性領域）と基板との間に，シリコン酸化膜（SiO_2）を挟んだ構造のウェハもあり，SOI（Si-on-insulator）ウェ

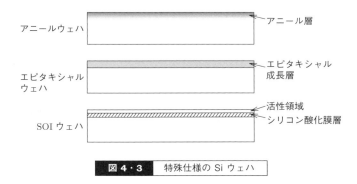

図4·3 特殊仕様のSiウェハ

ハと呼ばれている．SOIウェハは，表面を酸化した支持基板に，別のウェハの鏡面研磨面が接するように重ねて，高温の熱処理により貼り合わせて，支持基板のSiO_2と結合し，その後に貼り合わせたウェハを所望の厚さに薄膜化して，作製する．SOIウェハでは，活性領域が基板と電気的に絶縁されており，トランジスタの低電力化，高速化，高集積化，信頼性の向上などの用途で使用される．特殊仕様のウェハの断面イメージを図4·3に示した．

4·2 n形Siおよびp形Siの作製プロセス

　Si半導体素子を作製するためには，不純物を添加して，n形もしくはp形の導電形にする必要がある．結晶に不純物を添加する工程を大別すると，結晶成長，不純物拡散，イオン打込みがある．不純物拡散とイオン打込みは，次節で記述し，ここでは結晶成長における不純物の添加と，不純物添加によるSi半導体の電気特性について述べる．

　結晶成長の方法によらず，不純物を共存させておけば，単結晶シリコン中に不純物を添加できる．たとえば，CZ法で作製する単結晶Siウェハを，n形もしくはp形の導電形にするには，るつぼの中に不純物原子を加えればよい．通常の場合，n形Siには，リン（P）やアンチモン（Sb）を，またp形Siの場合はボロン（B）を添加する．しかしながら，引上げ法の場合では，引上げ速度や回転数によって，不純物の添加量が変化することを考慮する必要がある．

　固相において，Si単結晶中に溶け込んでいる不純物濃度を**固溶度**と呼ぶ．この固溶度には，温度によって決まる最大値（**固溶限**）あり，温度の低下とともに固

溶限は減少する．Si 素子を設計するうえで，この固溶限に留意する必要がある．なぜなら，固溶限以上に不純物を高濃度に添加すると，結晶欠陥を生じ，多結晶になるからである．1000℃ 程度において，Si に対する P，Sb，As，B の固溶限は，それぞれ約 8×10^{20}，3×10^{19}，1.5×10^{21}，4×10^{20} cm^{-3} 前後である．なお，引上げ法などの結晶成長では，熱平衡状態が成り立つほどゆっくりした過程ではないため，固溶限まで不純物を添加できず，不純物の添加限界は固溶限の 1/2 程度である．

通常 Si 素子の作製に用いられるウェハの不純物濃度は，10^{16} cm^{-3} 前後の低濃度である．これは，Si 素子の作製プロセスにおいて，n 形もしくは p 形の導電形領域を，不純物濃度を制御して形成するためである．基板の裏面を電極端子として用いるような，単体トランジスタなどの特殊な用途においては，基板の抵抗を小さくするために，低抵抗の Si ウェハを用いることがある．この場合には，ほぼ添加限界にまで不純物が添加されており，基板上に低濃度のエピタキシャル成長層を形成し，そこに Si 素子の主な領域を設けている．

n 形もしくは p 形領域の抵抗率は，不純物の添加量で制御される．これは多数キャリヤが電気伝導を支配し，n 形の場合は電子，p 形の場合は正孔の密度が，添加した不純物濃度に比例するからである．n 形不純物としてリンを，また p 形不純物としてボロンを添加した場合の抵抗率と不純物濃度の関係を図 4・4 に示した．不純物濃度の増加に伴って，抵抗率は減少するが，図からわかるとおり，必ずし

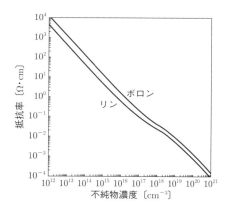

図 4・4　抵抗率の不純物濃度依存性

も正確な反比例の関係を示さない．これは，移動度が不純物濃度により変化するためである．

4・3 シリコン素子の作製プロセスと集積化

Si 半導体素子の作製プロセスで用いる主な工程には，洗浄，フォトリソグラフィ，酸化，絶縁膜の堆積，イオン打込み，不純物拡散，エッチング，電極と配線の形成がある．各工程の詳細は，専門書に委ねるとして，ここでは各工程の概略について記述する（なお，酸化と絶縁膜の堆積については，6・3節に記述する）．

〔1〕洗　浄

洗浄工程は，素子を作製する各工程でウェハに付着する汚染粒子（パーティクル），有機物，金属などを除去するために必須である．これは，付着物質が素子の微細化と高集積化の障害となるばかりか，信頼性と歩留り（作製したものの中の良品の割合）を低下させる要因であるからである．洗浄は主に薬液に浸すウェット処理で行う．薬液は，除去する汚染の種類に合わせて，選ばなくてはならない．これは，汚染除去の効果が薬液により異なり，またウェハ表面の被覆膜の構成により，使用できない場合があるためである．

代表的な洗浄方法を表4·1 に示した．洗浄に用いる代表的な薬液には，パーティクルと有機物の除去に用いるアンモニア過酸化水素水（アンモニア水（NH_4OH）と過酸化水素水（H_2O_2）の混合液，SC-1 とも呼ばれる），金属の除去に用いる塩酸過酸化水素水（塩酸（HCl）と過酸化水素水（H_2O_2）の混合液，SC-2 とも呼ばれる），金属と有機物の除去に用いる硫酸過酸化水素水（硫酸（H_2SO_4）と過酸化

表4·1　洗浄方法と用途

洗浄方法		薬液	用途
RCA 洗浄	SC-1 洗浄	NH_4OH, H_2O_2	パーティクルと有機物の除去
	SC-2 洗浄	HCl, H_2O_2	金属の除去
SPM 洗浄		H_2SO_4, H_2O_2	金属と有機物の除去
フッ酸洗浄	DHF 洗浄	HF, H_2O	酸化膜の除去
	BHF 洗浄	HF, NH_4F	

水素水（H_2O_2）の混合液，SPMとも呼ばれる）などがある．また，洗浄目的ではないが，Si表面の酸化膜の除去には，フッ酸（HF）を水で薄めたDHFやフッ化アンモン（NH_4F）で薄めたBHFを用いる．

最も一般的なSiウェハの洗浄法は，RCA洗浄と呼ばれる方法である．RCA洗浄は，使う薬液によってSC-1洗浄とSC-2洗浄からなる．SC-1洗浄では，Siウェハの表面を過酸化水素により酸化して，そのシリコン酸化物をアンモニアでエッチングして，同時にパーティクルを除去する．ここで，SC-1洗浄では，アルカリ性溶液で，Si基板とパーティクルの表面電気が負になり静電反発することにより，再付着を防止している．SC-2洗浄では，金属を酸性溶液中で溶解して除去する．

薬液によっては，ウェハ表面に反応物が蓄積し，洗浄効果が低下することがあるため，撹拌する必要がある．この撹拌により，ウェット処理において，ウェハ面内の反応の均一性を向上する．また薬液によっては，洗浄効果を高めるために，加熱することもある．

薬液による洗浄の後には，水に浸して薬液を洗い流す．素子の作製プロセスで用いる水は超純水と呼ばれ，抵抗率が約 $10\,M\Omega\cdot m$ の高純度水である．ウェット処理は，スピンドライヤ（回転の遠心力で水を飛ばす装置）や，ベーパ乾燥（アルコールの蒸発を用いた乾燥処理）も用いて，ウェハを乾燥して完了する．RCA洗浄の場合の工程を**図4.5**に示した．

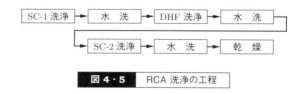

図4・5 RCA洗浄の工程

〔2〕フォトリソグラフィ

集積回路を作製するためには，ウェハの任意の位置に，種々の形状のパターンを設ける必要がある．半導体素子の作製プロセスにおいて，撮影した写真を印画紙に焼き付け，現像する処理と同様の工程を**フォトリソグラフィ**と呼ぶ．この工程は，**フォトレジスト**と呼ばれる紫外光に対して感光性のある有機材料を，ウェハ上に塗布し，露光と現像によりパターンを描く工程である．フォトリソグラフィの工程を**図4.6**に示した．

4・3 シリコン素子の作製プロセスと集積化

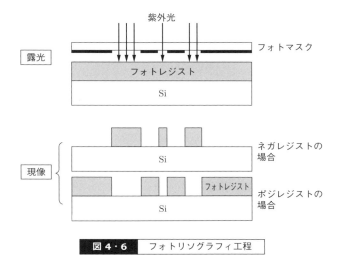

図4・6 フォトリソグラフィ工程

露光の際の写真の原画となるのが**フォトマスク**(レクチル)で,紫外光を透過する石英ガラスの表面に設けたクロム膜にパターンを描いたものである.クロム膜のない部分は光を透過し,フォトレジストが露光される.フォトレジストは感光して化学反応し,溶剤(現像液)への溶解度が変化する.フォトレジストには,感光により硬化して不溶性となるネガ形と,感光しなかった部分が不溶性のポジ形の2種類ある.そのため,現像により,ネガレジストの場合は感光した部分のレジストが残り,ポジレジストでは逆にフォトマスクで影になった部分のレジストが残る.

露光に用いられる光源と波長を**表4・2**に示した.最小の加工寸法は露光の際の光の波長にほぼ比例する.そのため,集積回路の大規模化に伴い,パターンが微

表4・2 光源と波長,および名称

光　源	波　長〔nm〕	名　称
水銀アークランプ	436	G 線
	365	I 線
KrF エキシマレーザ	248	深紫外 (DUV)
ArF エキシマレーザ	193	
レーザ励起プラズマ源	~10	極紫外 (EUV)
X 線	~1	X 線

細化し，光源の短波長化が進んでいる．最先端の製造工程では深紫外（DUV）の 200 nm 以下の波長（ArF エキシマレーザ光源）が使われており，波長がさらに 1/10 の EUV（極紫外光源）の採用が検討されている．なお，研究などの特殊な用途には，電子線や X 線が用いられている．この場合，マスクを用いず，フォトレジストに直接描画することが多い．

〔3〕イオン打込み

Si 基板に不純物を添加し，p 形や n 形領域を形成するために，広く用いられている方法が，**イオン打込み**（ion implantation, **イオン注入**ともいう）である．イオン打込みは，不純物イオンをビーム状にして，磁界による質量分離で添加するイオンを選択し，電界で加速して 1 keV〜1 MeV のエネルギーを与え，固体中に導入する方法である．p 形領域にはアクセプタ不純物となるボロン（B）が，n 形領域にはドナー不純物となるリン（P），ヒ素（As），アンチモン（Sb）が用いられる．

イオン打込みでは，打ち込む不純物の純度が高く，不純物の添加量をモニタでき，添加量の制御範囲が広く，均一性がよいという特長がある．さらに，低温処理で，接合深さの制御性がよく，イオンの直進性を利用できるなどの優れた点がある．ただし，入射したイオンが基板中に格子欠陥や非晶質領域などの損傷を作る．そのため，損傷の回復と不純物の電気的な活性化のために，熱処理（**アニール**）が必要である．なお，アニール処理をしても，イオン打込み層に残留欠陥を生じる場合がある．

イオン打込みの基礎的な現象は，入射イオンの二つのエネルギー損失で説明できる．その一つは**核阻止**（nuclear stopping）**機構**と呼ばれる．入射イオンが基板原子との衝突により損失するエネルギーは，力学的弾性衝突モデルで考えることができる．入射イオンは，衝突により多量のエネルギーを基板原子に与え，散乱して運動方向が変化する．もう一つは**電子阻止**（electronic stopping）**機構**と呼ばれる．入射イオンと基板原子の電子との相互作用によるエネルギー損失で，失うエネルギーは小さく，イオンの運動方向は変化しない．

核阻止機構により入射イオンのエネルギーが損失する際に，衝突によって誘起される損傷のイメージを図 4·7 に示した．基板中の原子は，格子点から弾き出されて格子間位置に入り，格子空孔を残して，**フレンケル対**（Frenkel pair）と呼

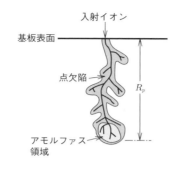

図 4・7 イオン打込みによる損傷のイメージ

ばれる点欠陥を形成する．さらに，イオンが停止する領域はアモルファスになり，図示したような飛跡の周囲に損傷領域が形成される．

エネルギー損失過程を経て，入射したイオンが，最終的に静止するまでに通過する距離を**飛程**と呼ぶ．実用的には，イオンが基板に垂直な方向から入射するため，飛程を入射方向に投影した投影飛程 R_p (projected range) を考える．各入射イオンの衝突過程が異なるため，R_p はガウス形の分布をもつ．これらに関しては，**LSS 理論**と呼ばれる計算結果がある．

LSS 理論は基板原子が不規則に配列しているとして求められている．しかし，基板が単結晶の場合，原子は規則的に配列しており，結晶軸方向の原子のすき間にイオンが打ち込まれると，核阻止機構によるエネルギー損失が減少し，結晶軸に沿って基板の深い位置まで達する．この現象を**チャネリング** (channeling) と呼ぶ．ダイヤモンド形の結晶構造をもつ Si や Ge では，<110> 方向から見ると原子配列のすき間が最も大きく，チャネリングによりイオンが基板深くまで達する．

〔4〕不純物拡散

Si 半導体素子の基本的な構造は，p 形と n 形領域で構成される．4・3 節〔3〕項に記述したイオン打込みにより添加されたアクセプタとドナー不純物は，集積回路の製造プロセスにおいて，熱処理により基板内を移動する．この現象を拡散という．これは，異種の原子が共存する系で，不純物分布に濃度勾配がある場合に，熱平衡状態になるために生じる不純物濃度分布の一様化の過程である．拡散による不純物の移動は，濃度分布の勾配に沿って起こる．

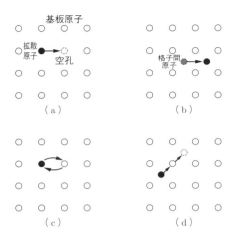

図 4·8 固体内の原子の拡散機構

固体内の原子の拡散機構には,図 4·8 に示すような (a) 空孔への移動, (b) 格子間位置への移動, (c) 格子位置の交換, (d) 格子原子との置換, などの過程がある.拡散はこれらの過程が複合的に起こる現象である.

拡散現象は二つの微分方程式で表現される.等方性な物質において,空間の x 方向のみに濃度勾配がある場合の一次元の拡散を考える.拡散の流束 J(単位面積を単位時間に通過する原子数)は,位置 x での負の不純物濃度勾配に比例し,**フィックの第一法則**(Fick's first law)と呼ばれる次式で表される.

$$J = -D\frac{\partial N(x,t)}{\partial x} \tag{4·1}$$

ここで, N は**不純物濃度**, D は**拡散係数**(diffusion coefficient)と呼ばれる定数である.拡散流束の連続方程式は,微小体積に流入・流出する流束の差が,単位時間にこの微小体積に蓄積する不純物原子数に等しいことから,**フィックの第二法則**(Fick's second law)と呼ばれる次式で表される.

$$\frac{\partial N(x,t)}{\partial t} = D\frac{\partial^2 N(x,t)}{\partial x^2} \tag{4·2}$$

実際に重要な二つの場合について,拡散方程式の解として求められる不純物濃度分布と拡散時間との関係を示す. $x = 0$ の表面に,単位面積当たりに不純物が一定量 Q 存在し, $x > 0$ 方向のみに拡散する場合,解は次式で与えられ,ガウス

分布となる．

$$N(x,t) = \frac{Q}{\sqrt{\pi Dt}} \exp\left[-\frac{x^2}{4Dt}\right] \tag{4・3}$$

不純物が無限に $x=0$ の表面に供給され，表面の不純物濃度が一定量 N_S に保たれる場合，解は次式で与えられ，補誤差関数 erfc（complementary error function）で表現される分布となる．

$$N(x,t) = N_S \,\mathrm{erfc}\left[\frac{x}{2\sqrt{Dt}}\right] \tag{4・4}$$

拡散は高温になるほど促進され，拡散係数 D は温度の上昇とともに増大し，拡散の活性化エネルギー E_a を用いて，次式で表される．

$$D = D_0 \exp\left[-\frac{E_a}{kT}\right] \tag{4・5}$$

ここで，D_0 は振動数因子と呼ばれる．

不純物濃度が真性キャリヤ濃度 $n_i(T)$ より低い場合，拡散係数は不純物濃度に依存しないが，不純物濃度が $n_i(T)$ より高くなると，空孔や格子間原子との相互作用により，不純物濃度に依存して，拡散係数が約 2 倍にまで増大する高濃度拡散を考慮しなくてはならない．さらに，イオン化した不純物原子が作る内部電界による拡散係数の増大や，不純物原子が集合したクラスタの形成による拡散係数の減少なども考慮する必要がある．

〔5〕エッチング

大規模集積回路を製造するためには，構造の微細化が最も重要な技術開発の一つである．**エッチング**（etching）は，結晶や絶縁膜，さらに金属膜を微細なパターンに加工する工程である．フォトリソグラフィで描かれたパターンをマスクにして，その下部にある材料を，高精度で選択的に加工しなくてはならない．なお，エッチングは，パターンの加工以外にも基板表面の清浄化や，結晶中の転位などの欠陥の評価にも用いられている．

エッチング工程の概略を図 4·9 に示した．原理的には，加工する材料の表面を，エッチング耐性のある薄膜（たとえばフォトレジスト膜）で覆い，4·3 節〔2〕項で述べたフォトリソグラフィを用いて，穴パターンを設け（この状態の薄膜を**エッチングマスク**と呼ぶ），露出している材料の表面を加工する方法である．エッチ

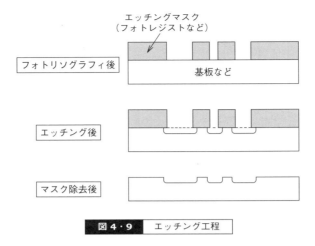

図4・9 エッチング工程

ングの方法は，溶液中の化学反応を用いたウェットエッチングと，ガス中の気相反応を用いたドライエッチングがある．

　ドライエッチングの方式は，二つに大別できる．一つは，石英の円筒形の容器内部を減圧にして，反応性ガスを流し，外部からの高周波電界によりプラズマを生成し，容器内の試料をエッチングする方法である．これは**プラズマエッチング**と呼ばれ，ラジカルによる化学反応で，エッチングは等方性である．

　もう一つの方式は，平行平板形の上下二つの放電電極をもつ容器内を減圧にして，反応性ガスから生成したプラズマイオンを，電界で加速して一方の電極上の試料に垂直に照射し，イオンの運動エネルギーを活用した物理的な加工を加えたエッチング方法である．これは**反応性イオンエッチング**（reactive ion etching, RIEと省略される）と呼ばれ，エッチングがイオンの入射方向に選択的に進むため，異方性エッチングとなる．

　エッチングの速度が速すぎると制御が困難で，逆に遅すぎると生産性が劣るという問題を生じる．そのため，エッチング液や反応性ガスの組成の組合せにより，エッチング速度を目的に応じて適切な範囲に調整し，加工精度と再現性を向上している．エッチング速度は，ウェットエッチングの場合，溶液の量と温度，撹拌，光照射の有無などに依存し，ドライエッチングの場合は，反応ガスの流量，基板温度，放電状態による反応種の発生量などのパラメータで決まる．

　エッチング工程では，加工する材料とともに，マスクや加工後に露出する材料

図4・10　等方性と異方性エッチングの形状

などが同時に存在する状態がある．そのため，加工したい材料のみをエッチングする選択性が必要であり，目的や構造に応じてエッチングの条件を選定することが重要である．

エッチング後の加工形状は，素子の構造や特性に影響し，特に微細な加工において重要である．基板上の薄膜をエッチングした場合のエッチング後の形状を図4・10に示した．同図（a）はエッチングが等方的に起こる場合で，マスクの端から縦横に反応が進み，エッチング深さに相当した横方向のエッチングが起きるため，マスクパターンは正確に転写されない．それに対して，同図（b）に示す異方性エッチングでは，マスクパターンを正確に転写でき，微細加工に適している．

〔6〕**電極と配線**

電極は半導体素子の作製工程の終わりの方で形成する．そのため，半導体素子の構造に影響しないように，電極は低温で形成しなくてはならない．金属薄膜の形成法には，真空蒸着やスパッタリングなどの物理的な成膜手段や，CVD法などの化学反応を用いる．装置や成膜法は，6・3節〔2〕項で後述する絶縁膜の堆積と同様で，原材料やターゲットが異なるだけである．

金属とSiが接触すると，仕事関数の差に基づく接触電位差を生じ，半導体内に空乏層ができ，障壁となる．この電位障壁は**ショットキー**（整流理論の提案者であるSchottkyの名をとっている）**障壁**と呼ばれる．ショットキー障壁の高さは，Al–n形Siで約0.6 eV，PtSi–n形Siで約0.85 eVである．

金属とSiの接触に整流性がないオーミック接触は，半導体素子のコンタクトに必須である．オーミック接触を得るには，ショットキー障壁の高さを下げるか，障壁の厚さを薄くする必要がある．金属の仕事関数で決まるショットキー障壁の高さは選択の自由度が少ないために，あまり下げることができない．そこで，通

常はSi側のキャリヤ濃度を$10^{18}\,\mathrm{cm}^{-3}$以上に高くして，障壁を薄くしてトンネル電流を流すことにより，オーミック接触を得ている．オーミック接触のよさを表す指標である比接触抵抗は，ゼロバイアス時の単位面積の接触抵抗で与えられる．

　Si半導体素子で広く用いられている金属配線材料はアルミニウム（Al）である．Alは成膜とエッチングが容易で，SiO_2との接着性も優れている．しかしながら，金（Au）や銀（Ag）に比べて電気抵抗が大きく，Siと低温で反応して共晶合金になるなどの欠点がある．そのため，電極がSiに接続するコンタクト（contact）部が接合の上にある場合，AlとSiの共晶化が深さ方向に進むと，接合が電気的に短絡し不良を生じることがある．その解決のため，Siを1～2%ほど含んだAlを配線に用い，$TiSi_2$やWSi_2などの金属とSiの合金であるシリサイド（silicide）をコンタクト部に用いている．シリサイドは高融点金属であり，近接するコンタクト間を接続するインターコネクト（interconnect）やMOSトランジスタのゲート電極材料にも使われている．

　配線に用いる金属薄膜の抵抗率には膜厚依存性があり，膜厚が数十nm程度に薄くなると，抵抗率が増大する．これは，金属薄膜中の構造欠陥や結晶粒界，および薄膜表面で電子が散乱されるためである．通常の配線は低抵抗が望ましいため，薄膜を用いる場合は膜厚と抵抗率の関係に留意する必要がある．なお，室温での抵抗率は，Alが約$2.7\,\mu\Omega\cdot\mathrm{cm}$で，$TiSi_2$が約$20\,\mu\Omega\cdot\mathrm{cm}$である．

　金属とSiの接触部や金属薄膜の配線には，大きな電流密度の電流が流れる．その際に，金属材料の原子が電子の運動エネルギーを得て，電子の流れの下流方向に移動し，金属薄膜内に空孔を生じる．これは**エレクトロマイグレーション**（electromigration，EMと略される）と呼ばれ，半導体素子の動作不良の原因となる．この現象により，AlとSiの接続部ではpn接合の特性劣化を生じ，また金属薄膜中の結晶粒界に沿ったAlの移動による空孔が拡大し，断線を起こす．EMは金属膜材料，電流密度，温度や構造に依存する．

　銅（Cu）は，Alに比べて低抵抗（抵抗率は約$1.7\,\mu\Omega\cdot\mathrm{cm}$）でEM耐性が高いため，大規模で高速動作の集積回路の配線に用いられている．Cuはエッチング加工が困難であるため，Cu配線ではダマシン（damascene）プロセスと呼ばれる配線形成法が用いられる．そのプロセスを図4·11に示した．この手法は工芸技法の一つである象嵌に似ており，象った絶縁膜に銅を埋め込む（嵌める）工程である．絶縁膜に溝を掘り，溝を覆うように拡散防止膜を堆積し，めっきなどにより

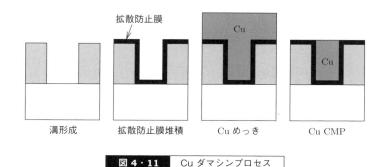

図 4・11　Cu ダマシンプロセス

Cu を成膜し，その後に**化学的機械研磨**（chemical mechanical polishing，CMP）により，不要な Cu を削除して，Cu 配線を層間絶縁膜に埋め込んだ構造を形成する．CMP は，シリカ粒子を含んだ研磨液（スラリー）を，表面に研磨パッドのある回転テーブルに流し，平坦にするウェハ面を接触して，研磨する手法である．

配線工程で用いる絶縁膜は，金属材料の特性変化や接触した材料との反応を防ぐために，低温で形成されなくてはならない．そのため，800°C 以上の高温での処理である酸化工程は使えず，6・3 節 [2] 項で後述する低温のプラズマ CVD 法や TEOS 熱分解法などの絶縁膜堆積法や，塗布（スピンコート）法などで形成される．スピンコート法は，原材料を含んだ溶剤を，基板表面に回転塗布して，低温の熱処理により溶媒を飛ばして，固化して絶縁膜を形成する方法である．

集積回路の大規模化に伴って，回路構成が複雑になり，機能ブロック間の結線や多数の入出力などのために，非常に多くの配線が必要となった．その解決策として，配線層を複数積み重ねる多層配線が用いられている．集積回路の高機能化に従って，配線の層数が増加し，10 層を越える多層配線が実用化されている．多層配線では，ビア（via）と呼ばれる配線層間の接続と，配線層間の絶縁膜を平坦化する工程が必要である．

ビアによる接続は，層間絶縁膜に穴を垂直に開孔し，その穴に金属材料を埋め込むことで実現している．穴の埋め込みには，タングステン（W）の選択成長や，前述のダマシンプロセスが用いられる．配線層間の絶縁膜は，層数が増えると表面の段差が大きくなり，微細なフォトリソグラフィが困難になる．また，段差で配線の断線などを生じる．そのため，層間絶縁膜の表面を平坦化する必要がある．この層間絶縁膜の平坦化にも，前述と同様の CMP が用いられている．

4章 シリコン半導体

演習問題

1 図 4·4 に示したように，不純物濃度が高い場合，移動度が不純物濃度によって変化するために，抵抗率が不純物濃度に反比例の関係を示さない．この移動度の不純物濃度による変化の原因を記せ．

2 イオン打込みによる投影飛程 R_p は次式で与えられる．

$$R_p(E) = \int_0^E \frac{dE}{(dE/dx)_T}$$

ここで，$\left|\frac{dE}{dx}\right|_T = \left|\frac{dE}{dx}\right|_N + \left|\frac{dE}{dx}\right|_E$ であり，$\left|\frac{dE}{dx}\right|_T$ はすべての入射イオンのエネルギー損失，$\left|\frac{dE}{dx}\right|_N$ は核阻止によるエネルギー損失，$\left|\frac{dE}{dx}\right|_E$ は電子阻止によるエネルギー損失である．イオン打込みエネルギー $E_A = 30\,\text{keV}$ と $300\,\text{keV}$ で，As と B を Si 基板にイオン打込みした場合，それぞれの R_p を求めよ．なお，$\left|\frac{dE}{dx}\right|_N$ と $\left|\frac{dE}{dx}\right|_E$ は一定で，下記の値を使うこと．

As の場合

E_A [keV]	$\left\|\frac{dE}{dx}\right\|_N$	$\left\|\frac{dE}{dx}\right\|_E$
30	1.3×10^3 keV/μm	1.5×10^2 keV/μm
300	1.1×10^3 keV/μm	5.3×10^2 keV/μm

B の場合

E_A [keV]	$\left\|\frac{dE}{dx}\right\|_N$	$\left\|\frac{dE}{dx}\right\|_E$
30	6.4×10^1 keV/μm	1.9×10^2 keV/μm
300	1.5×10^1 keV/μm	6.5×10^2 keV/μm

3 拡散係数 $D = 7 \times 10^{13}\,\text{cm}^2\cdot\text{s}^{-1}$ として，拡散時間 t が $1 \times 10^3\,\text{s}$ と $1 \times 10^4\,\text{s}$ において，次の二つの場合の不純物分布を描け．
  (a) 拡散する不純物量 $Q = 1 \times 10^{14}\,\text{cm}^{-2}$ の場合
  (b) 表面の不純物濃度 $N_S = 1 \times 10^{19}\,\text{cm}^{-3}$ で一定の場合

4 基板上に薄い絶縁膜 A を設け，その上部に厚い絶縁膜 B を設けた．絶縁膜 B のみを異方性ドライエッチングにより加工し，続けて絶縁膜 A をウェットエッチングにより加工した．ここで，ウェットエッチング工程では絶縁膜 A のみが選択的に加工される．以上のプロセス工程を経た後の断面形状を描け．

演習問題

5 半導体素子の電極を形成する際に留意すべき項目を列挙せよ．

5章 化合物半導体

Siは，メモリ，CPU，オペアンプ，パワートランジスタおよび太陽電池などの大多数の半導体デバイスで主材料として用いられている．しかしながら，Siの有する電気的，光学的物性上，実現が困難な発光デバイスや超高速デバイスの分野では化合物半導体を用いたデバイスが独占的に用いられている．本章では，化合物半導体材料の特徴，プロセス技術や電子デバイス応用について学ぶ．

5・1 化合物半導体材料とその用途

Siを代表とする半導体は最外殻電子がsp^3混成軌道を構成し，正四面体配位で互いの原子と主に共有結合により結びつくことで結晶構造を形成している．半導体を構成する原子の周期律表を図5・1に示す．IV族元素であるSi, GeやC（ダイヤモンド）は単一元素で半導体となる（元素半導体）．また，IV-IV族（SiC），III-V族（GaAs, InPなど），II-VI族（ZnS, CdTeなど）元素の組合せでも半導体となり，**化合物半導体**と呼ばれている．GaN[*1]などの窒化物，ZnOなどの酸化物結晶も化合物半導体に含まれる．結晶構造で分類すると，Siなどの元素半導体はダイヤモンド構造，GaAsやInPなどは閃亜鉛構造，GaNなどはウルツ鉱構造をとる．

図5・2はGaAsとGaNの原子配列を図示したものである．閃亜鉛構造をとるGaAsは立方晶系に属し，格子定数は単位胞の一辺の長さaで表される．一方，ウルツァイト構造をとるGaNは六方晶系に属し，格子定数は単位胞の底辺の六角形の一辺の長さaと，それに垂直な方向（c軸方向）の単位周期cとで表される．両構造において各原子からは4本の結合手が延び，近接原子と結合している．近接する二つの原子から結合手が延びる方向に注目すると，ウルツァイト構造では鏡面対象になっているが，閃亜鉛構造では60°回転している．

[*1] 2014年ノーベル物理学賞の対象

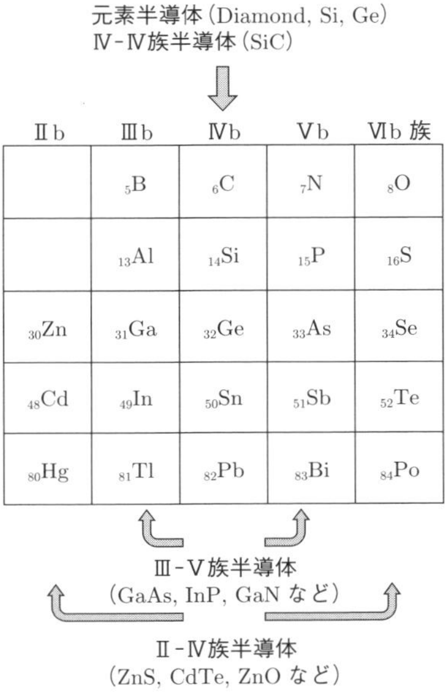

5・1 化合物半導体材料とその用途

元素半導体 (Diamond, Si, Ge)
Ⅳ-Ⅳ族半導体 (SiC)

Ⅱb	Ⅲb	Ⅳb	Ⅴb	Ⅵb 族
	$_5$B	$_6$C	$_7$N	$_8$O
	$_{13}$Al	$_{14}$Si	$_{15}$P	$_{16}$S
$_{30}$Zn	$_{31}$Ga	$_{32}$Ge	$_{33}$As	$_{34}$Se
$_{48}$Cd	$_{49}$In	$_{50}$Sn	$_{51}$Sb	$_{52}$Te
$_{80}$Hg	$_{81}$Tl	$_{82}$Pb	$_{83}$Bi	$_{84}$Po

Ⅲ-Ⅴ族半導体
(GaAs, InP, GaN など)

Ⅱ-Ⅳ族半導体
(ZnS, CdTe, ZnO など)

図 5・1 周期律表における半導体材料

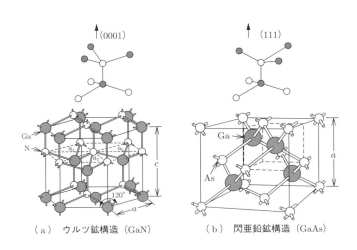

(a) ウルツ鉱構造 (GaN)　　(b) 閃亜鉛鉱構造 (GaAs)

図 5・2 典型的な化合物半導体の結晶構造

結晶性に着目すれば，Si はほぼ完全結晶を実現しているが，化合物半導体は点欠陥や転位などの存在を除去しきれていない．図 5·3 に示すように，元素半導体中の点欠陥は，格子間原子，空孔，不純物原子の混入に分類されるが，化合物半導体の場合はそれらに加え，格子位置が異なる置換形欠陥が存在する．たとえば，結晶成長中に構成元素の蒸気圧の違いなどから化合物の組成が 1 : 1（化学量論的組成：ストイキオメトリ）からずれたり，イオン注入時に III 族原子と V 族原子のサイトが入れ換わってしまうことにより，点欠陥が発生しうる．また，GaAs 結晶において，Ga 位置の Si 原子は浅いドナーであるが，As 位置の Si 原子は浅いアクセプターとなる（両性不純物）．

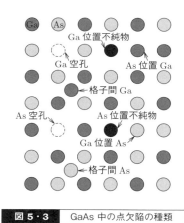

図 5·3 GaAs 中の点欠陥の種類

表 5·1 に代表的な半導体の物性定数を示す．エネルギーバンドギャップ（E_g）に着目すると，Si の 1.1 eV を基準として，同程度の値をもつ GaAs，InP，小さな値をもつ InSb や HgTe などのナローバンドギャップ材料，および 3 eV 程度以上の SiC，GaN や Diamond などのワイドバンドギャップ材料に分類される．

Si，SiC，GaP は間接遷移形，GaAs，InP，GaN をはじめとする多くの化合物半導体は直接遷移形のバンド構造をもっている（11 章参照）．直接遷移形半導体では電子-正孔対の再結合時にフォトン（光）の放出が起きやすいため，化合物半導体が独占的に発光デバイスに用いられている．

化合物半導体のもう一つの特徴は高速性にある．GaAs や InP は，Si に比べ大きな電子移動度，電子飽和速度を有しているため，化合物半導体の黎明期から高周

表 5・1　各種半導体の物性値

	Si	GaAs	InP	4H-SiC	GaN	ダイヤモンド	InSb
バンドギャップ〔eV〕	1.11	1.43	1.35	3.26	3.39	5.47	0.17
格子定数〔Å〕	5.43	5.65	5.86	$a=3.073$ $c=10.05$	$a=3.189$ $c=5.185$	3.56	6.48
密度〔g/cm^3〕	2.328	5.32	4.78	3.2	6.15	3.52	5.77
比誘電率	11.9	12.9	12.4	9.7	9.5	5.7	17
熱伝導率〔W/cm・K〕	1.51	0.54	0.7	4.9	2.0	21	0.16
破壊耐圧〔MV/cm〕	0.3	0.4	—	2.8	3.0	10	—
電子移動度〔cm^2/V・s〕	1 500	8 500	4 600	1 000	1 200 Bulk 2 000 2DEG	2 200 Hall 4 500 TOF	78 000
正孔移動度〔cm^2/V・s〕	450	420	150	120	150	1 600 Hall 3 800 TOF	850
飽和電子速度〔cm/s〕	10×10^7	2.0×10^7	2.5×10^7	2.2×10^7	2.7×10^7	2.7×10^7	—

Hall: Hall effect measurement

TOF: time-of-flight measurement

波デバイス応用として研究開発が進められてきた．本章では，この高速電子デバイス分野を主に学ぶ．また，近年，SiC や GaN を代表とするワイドバンドギャップ半導体がその高い絶縁破壊耐圧を活かし，高周波・ハイパワーエレクトロニクスの分野で研究が進展している．その詳細は 12 章で学ぶ．

その他，ホール効果を利用した磁気センサが GaAs，InAs や InSb で，ペルチェ効果を利用した冷却器や温度コントローラが BiTe 系や PbTe 系材料で実用化されている．また，バンドギャップの異なる材料を縦積みにし，Si 単層では吸収されない波長の光も電気エネルギーに変換できる，高効率太陽電池の研究も進められている．

5・2 混晶半導体

図 5・4 に主な半導体の格子定数と E_g との関係を示す．化合物半導体の多くは

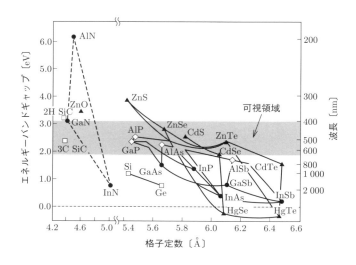

図5・4 各種半導体における格子定数とエネルギーバンドギャップとの関係

材料間で全率固溶体を形成するという特徴がある．GaAs と AlAs の系を例にとると，III 族原子である Ga と Al の組成比を連続的に変えることができ，中間組成である $Al_xGa_{(1-x)}As$（ここで組成比は $0 \leq x \leq 1$）が形成出来る．このような中間組成の化合物を混晶半導体と呼ぶ．さらに構成元素を増やすことも可能であり，InP と GaAs の系では，$In_xGa_{(1-x)}As_yP_{(1-y)}$ の四元混晶半導体を構成できる．混晶半導体の形成は E_g を所望の値にできるだけでなく，同時に格子定数を市販の支持基板に合わせることができるという結晶成長上の優位点がある．

5・3 ヘテロ接合

いま，二つの半導体材料を接合した場合を考える．E_g が異なる半導体の接合を**ヘテロ接合**，同じ材料同士の場合を**ホモ接合**と呼ぶ．図5・5は，典型的なヘテロ接合のエネルギーバンド図である．バンドギャップの重なり方により，タイプ I，II，III に分類される．半導体間の E_g の差は接合界面において伝導帯，および価電子帯に不連続を発生させる．これらの不連続量をそれぞれ，**伝導帯不連続量**（ΔE_C），**価電子帯不連続量**（ΔE_V）と呼ぶ．タイプ I 構造では，E_g の小

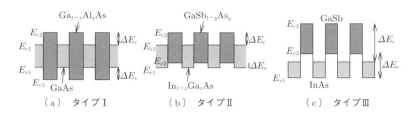

図 5・5　ヘテロ接合の基本概念

さい結晶中の自由電子，正孔に対して，それぞれ ΔE_C，ΔE_V はエネルギー障壁として働く．周期構造を形成すると，自由電子，正孔を E_g の小さい結晶中に閉じ込めることが可能であり，ダブルヘテロ（DH）構造としてレーザダイオードに応用されている．この構造を原子層オーダの薄膜で作製すると，閉じ込めるバンドの状態密度は量子化によりとびとびの値を取る量子井戸構造になる．同様にしてタイプ II 構造では自由電子と正孔を別々の結晶中に閉じ込めることができる．一方，タイプ III 構造では界面で障壁は形成されず，キャリヤは透過することができる．このようにバンド構造の自由度を有効的に利用して設計を行うことは新機能デバイスの創出，高性能化に貢献しており，バンドギャップエンジニアリングと呼ばれている．

5・4 プロセス技術

〔1〕半絶縁性基板

　GaAs は Si に比べ，高い電子移動度や飽和速度を有し，引上げ法により基板結晶が成長できるため化合物半導体高速デバイスの主要な電子材料として研究開発が行われてきた．GaAs の E_g は 1.42 eV であり，Si の 1.1 eV より大きい．このため，室温では真性キャリヤ濃度が小さい．さらに，GaAs 中に残留する C 原子がアクセプタとして働くため，EL2 と呼ばれる深いドナー形の欠陥を導入しキャリアを補償することにより，抵抗率 $1 \times 10^7\,\Omega\cdot\mathrm{cm}$ 以上の半絶縁性基板を容易に得ることができる．トランジスタ，抵抗，コンデンサなどの素子を半絶縁性基板上に作りつければ，各素子は電気的に絶縁されているため（素子間分離），集積回路を容易に実現できる．バンドギャップの大きさと点欠陥を有効利用した技術であ

る．一方，Si では，基板の絶縁性が十分ではないため，pn 接合を素子と基板間に形成することで，各素子を電気的に分離している．そのため，pn 接合の容量が寄生的に発生し，高周波特性を劣化させてしまう．

〔2〕導電層形成技術

電子デバイスの導電層は，イオン注入法やエピタキシャル成長法で形成される．Si テクノロジーで用いられる熱拡散法は，多くの化合物半導体において適応が困難である．イオン注入法を用いた場合，フォトリソグラフィでパターンを形成することで部分的に不純物イオンを注入できる（選択イオン注入）ため，半絶縁性基板に素子間分離したデバイスが容易に高密度で形成できる．n 形の形成の場合は，Si イオンまたは Si と P イオンを，p 形では Be イオンを数〜数百 keV に加速して基板に注入する．注入後の不純物原子は格子サイトに位置していないため，800〜950°C 程度の活性化アニールを行い，不純物原子を格子サイトに配置する必要がある．この際，GaAs 表面からの原子の外方拡散を防ぐため，SiO_2 や SiN などの絶縁体保護膜を堆積する．エピタキシャル成長により n チャネル層を形成する場合，イオン注入法よりも高品質なチャネル層を形成することができ，活性化アニールの必要もない．しかしながら，素子間分離のため，デバイス形成領域以外の n 層をエッチングして除去するか，または，酸素イオン注入によるキャリヤの枯渇を行う必要がある．

〔3〕電極形成技術

n 形 GaAs，InP 系材料に対するオーミック電極として，AuGe/Ni が広く用いられている．AuGe および Ni を連続蒸着し，450°C 程度の熱処理を行うことで界面反応が起こる．半導体中に拡散した Ge がドナーとなり，$10^{-8} \Omega \cdot cm$ 程度の低い接触抵抗を得ることができる．Ni は表面の平坦性を向上させる役割をもつ．

一方，アニールを行わない状態では，一般に金属/n-GaAs 界面はフェルミレベルのピンニングが強く，電極金属の種類によらず障壁高さが〜0.8 eV 程度のショットキー電極が得られる．GaAs FET では Ti/Au，Ti/Pt/Au，Ti/Al 系金属がゲートショットキー電極材料として用いられている．Ti は良好な密着性を与え，Au や Al は高い導電性を与える．Pt は Au が GaAs に拡散すること防ぐ役割を果たすことから，バリアメタルと呼ばれている．

5・5 デバイス構造，特性

〔1〕MESFET

Si テクノロジーでは Si ウェハの表面を高温の酸素雰囲気中で酸化し，SiO_2 ゲート絶縁膜を形成することにより作製される MOSFET（Metal-oxide-semiconductor Field-effect transistor）が主要なデバイスである（4章参照）．一方，化合物半導体 FET では，熱酸化による良質な酸化膜の形成が困難であるため，MIS 構造ではなくショットキーゲート構造が用いられている．また，電子の移動度に比較して正孔の移動度があまり高くないため，CMOS の構成には不向きで n チャネル FET のみでロジック回路を構成するのが一般的である．これらは消費電力の点で不利となること，さらに大規模集積化が困難なことから，Si CMOS と競合するロジック回路よりも，高い電子移動度特性を生かして n チャネル FET を微細化，集積化した高速 IC の開発が進められてきた．

図 5・6 に GaAs MESFET（Metal-semiconductor field effect transistor）の構造図を示す．半絶縁性 GaAs 基板上に n 形チャネル層を形成し，ショットキーゲート界面から延びる空乏層によりドレイン電流を制御している．n 形チャネル層はイオン注入法，またはエピタキシャル成長法で形成する．GaAs MESFET はゲート長 $0.1\,\mu m$ で $f_T = 90.8\,\text{GHz}$，$f_{\max} = 78.0\,\text{GHz}$ の特性を示し，10 Gbps の光通信用 IC の分野で化合物半導体高速電子デバイスの先陣を切って実用化された．

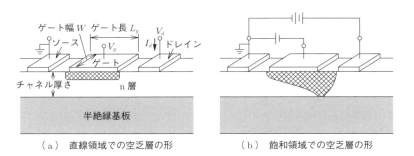

(a) 直線領域での空乏層の形   (b) 飽和領域での空乏層の形

図 5・6 MESFET の構造

〔2〕 HEMT

高速化へのさらなる要求,および結晶成長技術の向上が進展し,ヘテロ構造を活かした HEMT(High-electron mobility transistor)が開発された.図 5·7 に HEMT の概念図を示す.いま,タイプ I のヘテロ接合を考え,バンドギャップの広い材料にドナーをドーピングする.ドナーのイオン化によりバンドは曲げられ,発生した自由電子はバンドギャップの狭い材料側に落ちる.ヘテロ接合界面では三角ポテンシャルに近い形状の井戸が形成されており,その幅が狭いため界面に垂直方向の電子の運動の自由度が制限される.電子が接合界面に二次元的に蓄えられ,FET のチャネルを形成することから二次元電子ガス(2DEG:2-dimensional electron gas)構造と呼ばれている.バンドギャップの広い材料の表面にショットキー電極を形成し,そこに負の電位を加えることにより 2DEG チャネルを空乏化できる.MESFET の場合,チャネルがドーピングされているため,走行中の電子はフォノン散乱だけでなくイオン化不純物散乱の影響も受ける.一方,HEMT の場合,イオン化した不純物はチャネルから空間的に分離されているので,高周波,低雑音特性が得られる.さらに,MESFET はゲート電圧により空乏層幅が変化するため,ゲート容量が変化する.一方,HEMT では,ゲート電極からチャネルまでの距離は常に一定であるため,容量成分は変化せず線形性のよい特性が得られる.

(a) HEMT の構造

(b) AlGaAs/GaAs HEMT のゲート電極直下のエネルギーバンド図

図 5·7 HEMT の構造と構成材料

HEMT には GaAs や InP 基板が用いられる(図 5·7).GaAs 系 HEMT では,基板上に高品質な GaAs 層(バッファ層およびチャネル層),続いて比較的格子定数が近く E_g が大きい AlGaAs または InGaP(バリア層)をエピタキシャル成長し,

2DEG 構造を形成する．InP 系 HEMT では，格子整合する $In_{0.52}Al_{0.48}As$ をバッファ層，$In_{0.53}Ga_{0.47}As$ をチャネル層，再び $In_{0.52}Al_{0.48}As$ をバリア層として形成している．

1980 年代後半，家庭用衛星放送受信パラボラアンテナ用の低ノイズアンプとして AlGaAs/GaAs 系ヘテロ接合 HEMT が広く普及した．その後，電波望遠鏡の増幅器，携帯電話のパワーアンプ（PA），無線通信の基地局 PA などにも利用されている．また，研究段階では InP 系 HEMT において $L_g = 40\,\mathrm{nm}$，In 組成 70% の InGaAs チャネルで，$f_T = 688\,\mathrm{GHz}$ の高速化が達成されている（図 5.8）．

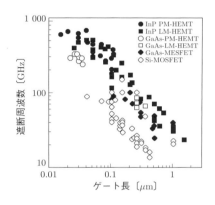

図 5・8 各種電界効果トランジスタの遮断周波数のゲート長依存性

〔3〕 HBT

Si バイポーラトランジスタ（BT）の高速化にはベース層を薄くすることが有効であるが，ベース層のドーピング濃度を上げ，ベース抵抗を下げる必要が生じる．この結果，ベースからエミッタへの正孔注入量が増加し，電流増幅率 β が減少してしまう．このトレードオフの関係をバンドギャップエンジニアリングの概念を応用して解決したデバイスがヘテロ接合 BT（Heterojunction Bipolar Transistor, HBT）である．図 5.9 に npn 形 HBT のエネルギーバンド図を示す．Si-BT ではバンド不連続のないホモ接合であるが，HBT ではエミッタの E_g がベースより大きな材料を用い，エミッタ-ベース（E-B）界面はヘテロ接合を形成している．デバイス動作時，E-B 界面は順方向にバイアスされている．エミッタ中の電子はベー

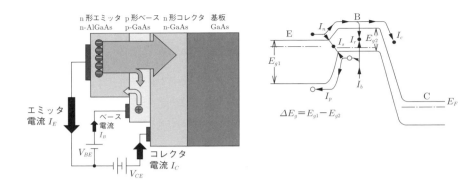

図 5・9 代表的な HBT の構造とエネルギーバンド図

スに注入され，エミッタ電流（I_E）となり，ベース中をコレクタに向けて拡散する．コレクタ-ベース（C-B）界面は逆方向にバイアスされているため，大多数の電子はコレクタ電流（I_C）となる．しかしながら，一部の電子は E-B 界面およびベース領域で正孔と再結合し，それぞれ図中 I_s および I_r の再結合電流となる．また，ベース中の正孔は E-B 界面を横切りエミッタに注入される（I_p）．このとき，BT の最も代表的な特性である電流増幅率 β は

$$\beta = \frac{I_C}{I_B} = \frac{I_n - I_r}{I_p + I_r + I_s} < \frac{I_n}{I_p} = \beta_{\max} \tag{5・1}$$

となる．E-B 界面近傍での再結合が無視できる理想的な場合の β が $\beta_{\max}$ である．ベースとエミッタとのエネルギーバンドギャップの差を ΔE_g とすると，ヘテロ接合の $\beta_{\max}$ は

$$\beta_{\max} = \left[\frac{I_n}{I_p}\right]_{\text{hetero}} = \left[\frac{I_n}{I_p}\right]_{\text{mono}} \exp\left(\frac{\Delta E_g}{kT}\right) \tag{5・2}$$

となり，ホモ接合の場合に比べて $\exp\left(\frac{\Delta E_g}{kT}\right)$ だけ大きくなる．すなわち，ベースからエミッタへの正孔注入を抑制している．したがって，電子の注入効率を犠牲にすることなく，ベースのドーピング濃度を高くすることができる．

化合物半導体 HBT では，GaAs 基板上にエミッタ/ベースとして AlGaAs/GaAs または InGaP/GaAs，InP 基板上に InP/InGaAs または InAlAs/InGaAs を形成した構造が広く用いられている．また，Si 系でも Si/SiGe のヘテロ構造を用いた HBT が実現されている．図 5・10 に示すように，HBT は高速化と高耐圧化を両立

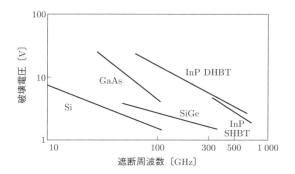

図 5・10 各種バイポーラトランジスタの破壊耐圧と遮断周波数との関係

する方針で研究開発が進められた．HBT は光デバイスとの整合性が良いため高速光通信システムの多重送信，受信分離用 MMIC や，単電源で駆動できる（FET ではゲートに負のバイアス電圧を印加する場合が多く，2 系統の電源が必要となる）ことから携帯電話端末のパワーアンプとして普及している．

演習問題

1 GaAs および InP 基板にそれぞれ格子整合する混晶半導体 $In_xGa_{1-x}P$，および $In_xGa_{1-x}As$ の III 族元素の組成を図 5・4 から見積もれ．ただし，組成比は InP と GaP，および InAs と GaAs の格子定数の違いに比例すると仮定する．

2 GaAs 結晶において $1 \times 10^7 \, \Omega \cdot cm$ の抵抗率を実現する電子濃度を示せ．

3 ゲート長が $0.1 \, \mu m$ である GaAs MESFET のチャネル直下を電子が飽和速度で通り抜ける時間を求めよ．

4 MESFET と HEMT の違いを説明せよ．

5 室温で ΔE_g が $0.3 \, eV$ の AlGaAs/GaAs ヘテロ構造を HBT の B-E 間接合に用いた場合，GaAs ホモ接合の場合に比べ電流増幅率がどれだけ増加するか見積もれ．

6章 誘電体・絶縁体

電気信号や電気エネルギーを制御するには,電気を流す材料である金属や半導体とともに電気を定常的には流さない材料である絶縁体や誘電体が不可欠である.本章では,そのような絶縁体や誘電体の種類や主な性質について学ぶとともに,先端 Si デバイス技術に活用されている酸化膜や絶縁膜の作製方法や機能について知見を得る.

6・1 誘電体材料の主な性質

〔1〕分極の種類

分極には変位分極と配向分極がある.**変位分極**(displacement polarization)は,正負の電荷を有する電子,原子核,イオンなどが,もともと対称に分布することで全体として電気的に中性な状態にあったものが,電子や原子の運動によって正負電荷の偏りが生じることにより誘起される分極である.**配向分極**(orientational polarization)は,正負の電荷の偏りによって存在する永久双極子モーメントの向きが,外部電界の作用により揃うことによって誘起される分極である.

(a) 変位分極

変位分極のうち,外部電界によって電子の偏りが誘起されることによって生じる分極を**電子分極**(electronic polarization)と呼ぶ.正に帯電した原子核を電子雲がとり囲む原子モデルを考える.外部から電界が作用していない場合,正負の電荷は対称に分布しており,原子全体では電荷が中性となる.外部から電界が作用すると,原子核は電子に比べてはるかに重いので,近似的に図6・1 (a) のように電子雲の重心位置のみが変位する.そして,原子核と電子雲との間にはクーロン引力が働くため,あたかもバネで束縛された荷電粒子に電界が作用して平衡位置に変位したものと考えることができる.この電子変位により誘起される**双極子モーメント**(dipole moment)の大きさ μ_e は,局所電界 E_i に比例し($\mu_e = \alpha_e E_i$),

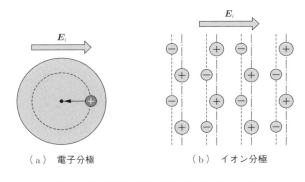

図 6・1 電子，イオンの変位による分極

比例係数 α_e を**電子分極率**（electronic polarizability）と呼ぶ．

変位分極のうち，正負のイオンの変位にもとづくものを**イオン分極**（ionic polarization）と呼ぶ．正イオンと負イオンが対称に規則的に配列している場合，対称性から全体として電気的に中性となっている．ところが，局所電界 E_i が作用すると，クーロン相互作用により正負のイオンは，それぞれ逆方向に移動し，図 6・1(b) のように配列して双極子モーメント μ_i が誘起される．この場合も，$\mu_i = \alpha_i E_i$ で定義される**イオン分極率**（ionic polarizability）α_i を考えることができる．

（b） 配向分極

外部から電界が作用していない状態でも存在する双極子モーメントを**永久双極子モーメント**（permanent dipole moment）と呼ぶ．しかし，永久双極子モーメントをもつ場合でも，熱エネルギーのため，図 6・2 (a) のように個々の永久双極子モーメント μ_0 はランダムな方向を向いており，物質全体では永久双極子モーメントの和はゼロとなる．一方，電界が作用すると，図 6・2 (b) のように個々の永久双極子モーメントは電界方向に回転し，全体として対称性が崩れて巨視的な分極 μ_d が発生する．このように，永久双極子モーメントの方向が変化することにより誘起される分極を**配向分極**と呼ぶ．

〔2〕**誘電分散と損失**

（a） 誘電分散

分極率や誘電率の大きさは印加する電界の周波数に依存して変化し，このよう

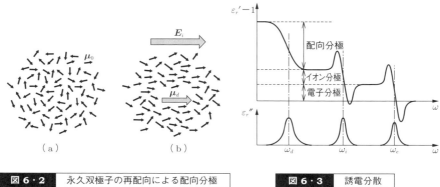

図 6・2 永久双極子の再配向による配向分極

図 6・3 誘電分散

な誘電応答の周波数依存性を**誘電分散**(dielectric dispersion)と呼ぶ．図 6・3 に比誘電率の実部 $\varepsilon_r{}'$ と虚部 $\varepsilon_r{}''$ の周波数依存性の模式図を示す．比誘電率は，配向分極，イオン分極，電子分極からの寄与にもとづく成分の和であるが，分子の回転運動に由来する配向分極の応答は，電子分極，イオン分極に比べてはるかに遅く，マイクロ波帯（$10^9\,\mathrm{Hz}$）の周波数域で配向分極による寄与はなくなる．配向分極が応答しなくなる周波数を**緩和周波数**と呼ぶ．一方，比較的質量の小さい原子，電子の運動に起因するイオン分極，電子分極は，それぞれ赤外域（$10^{13}\sim10^{14}\,\mathrm{Hz}$），可視域～紫外域（$10^{15}\sim10^{16}\,\mathrm{Hz}$）の周波数まで応答する．これらの周波数を**共鳴周波数**と呼ぶ．

（b）誘電損失

誘電体に交流電界を加えたとき，分極は電界に遅れて追随する．たとえば，電界 $E(t)=E_0 e^{i\omega t}$ を印加したとき，分極が位相 δ だけ遅れるとすると，電束密度は $D(t)=D_0 e^{i(\omega t-\delta)}$ と表される．この場合，比誘電率は，複素数となり，**複素比誘電率**(complex relative dielectric constant) $\varepsilon_r=\varepsilon_r{}'-i\varepsilon_r{}''$ を考える必要がある．ここで，複素比誘電率の実部 $\varepsilon_r{}'$，虚部 $\varepsilon_r{}''$ および δ の間には，次の関係が成り立つ．

$$\tan\delta=\frac{\varepsilon_r{}''}{\varepsilon_r{}'} \tag{6・1}$$

$\varepsilon_r{}''$ は誘電体によるエネルギーの吸収を表し，電界から見ればエネルギーの損失であり，このエネルギー損失を**誘電損失**(dielectric loss)と呼ぶ．図 6・3 で示した誘電分散では，誘電損失は $\varepsilon_r{}''$ のピークとして現れる．また，$\tan\delta$ は**誘電**

正接（dissipation factor），δ は**誘電損角**（dielectric loss angle）と呼ばれ，誘電損失を表す目安となる．

6・2 強誘電体材料

〔1〕強誘電体とは

ある物質では，電界を印加しない状態でも巨視的な分極が存在する場合がある．このような分極を**自発分極**（spontaneous polarization）と呼び，なかでも，外部電界により自発分極の向きを反転させることができる物質を**強誘電体**（ferroelectric）という．

強誘電体は一般的には結晶であり，しかも，自発分極をもつ可能性のある**点群**（point group）は限られる．すなわち，結晶の 32 個の点群のうち，巨視的分極が現れるためには**反転対称中心**（center of inversion symmetry）を欠いた対称性が必要である．この反転対称中心を欠く 21 個の点群の中で立方晶系の O を除く 20 個のものは，外部から応力が加わると巨視的分極が生じる**圧電性**（piezoelectricity）を示す．さらに，圧電性を示すものの中で 10 個の点群に属する結晶が自発分極をもつ．自発分極をもつ場合，結晶の温度を変化させることにより表面に自発分極の変化分に相当する電荷が発生する**焦電性**（pyroelectricity）を示す．したがって，焦電性を示す結晶のうちで，外部電界により自発分極の方向を反転可能なものだけが強誘電体ということになる．

〔2〕強誘電体の性質

（a） 分域と P-E ヒステリシス

強誘電体に電界 E を印加したときの分極 P を測定すると，**図 6.4** のような P-E **履歴曲線**あるいは P-E **ヒステリシス**（P-E hysteresis loop）が得られる．図中の C-D の傾きが常誘電性の誘電率に対応する．したがって，C-D を外挿して $E = 0$ としたときの分極値が自発分極 P_s となる．ただし，本来であれば P-E 曲線も $E = 0$ で $P = P_s$ となるべきであるが，実際には P_s より小さな分極値 P_r を示すことが多い．この P_r を**残留分極**（remnant polarization）と呼ぶ．さらに，逆方向の電界を印加していくと $E = E_c$ で $P = 0$ となる．この電界 E_c を**抗電界**（coercive electric field）と呼ぶ．

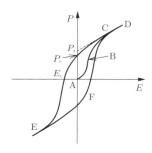

図 6・4 強誘電体の P-E ヒステリシス曲線

(b) 相転移と誘電異常

強誘電体は,高い温度では対称性の高い結晶構造をとり,自発分極をもたない**常誘電相**(paraelectric phase)を示すが,温度を下げていくと,ある温度で常誘電相から自発分極をもつ**強誘電相**(ferroelectric phase)に転移する.この転移温度を**キュリー温度**(Curie point)という.代表的な強誘電体のキュリー温度と自発分極を**表 6・1**に示す.

表 6・1 代表的な強誘電体のキュリー温度と自発分極

名称 (略称・慣用名)	化学式	T_c [K]	P_s [mC/m^2]	P_s 測定温度 [K]
変位形				
チタン酸バリウム	BaTiO$_3$	393	260	296
チタン酸鉛	PbTiO$_3$	763	500	296
ニオブ酸リチウム	LiNbO$_3$	1480	710	296
KTN	KNbO$_3$	708	300	523
秩序無秩序形				
ロッシェル塩	NaK(C$_4$H$_4$O$_6$)·4H$_2$O	297	2.7	278
硫酸グリシン (TGS)	(NH$_2$CH$_2$COOH)$_3$·H$_2$SO$_4$	322	28	293
KDP	KH$_2$PO$_4$	123	47	96
亜硝酸ソーダ	NaNO$_2$	436	80	373

強誘電相に転移する際に,自発分極だけでなく誘電率,比熱,膨張係数,弾性率などさまざまな物性が変化する.たとえば,電界 $E=0$ で分極 $P_s \neq 0$ となるということは,比誘電率が $\varepsilon_r \to \infty$ となることを意味するが,$T > T_c$ における常誘電相においても ε_r が著しい温度依存性を示し,次の関係式に従って,発散的に

増大する．

$$\varepsilon_r = \varepsilon_{rh} + \frac{C}{T - T_0} \tag{6・2}$$

ここで，ε_{rh} は十分に高い温度における比誘電率，C は定数であり，この関係式を**キュリー・ワイスの法則**（Curie-Weiss low）と呼ぶ．T_0 は**特性温度**（characteristic temperature）あるいは**常誘電キュリー温度**（paraelectric Curie temperature）と呼ばれる．

〔3〕強誘電体の種類と例
（a） 変位形強誘電体

強誘電体には，イオンの変位に基づく**変位形**（displacive type ferroelectrics）と，永久双極子の配向に基づく**秩序無秩序形**（order-disorder ferroelectrics）がある．代表的な変位形強誘電体にチタン酸バリウム（$BaTiO_3$）があり，実用上も重要な強誘電体である．$BaTiO_3$ は，393 K 以上の温度では，立方晶系の八つの角に Ba^{2+} イオン，面心の位置に O^{2-} イオン，中心に Ti^{4+} イオンが存在する．このように，A，B 2 種類の金属イオンと酸素イオンからなる物質 ABO_3 は**ペロブスカイト構造**（Perovskite structure）と呼ばれ，もともと立方対称の結晶構造をしている

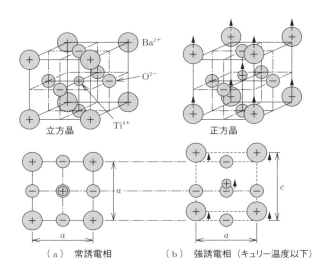

図 6・5 $BaTiO_3$ の単位格子のイオン配置とイオン変位による強誘電性発現

ので常誘電性を示す．ところが，温度を 393 K 以下にすると，Ti^{4+} イオンと Ba^{2+} イオンが図 6·5 に示すように同じ方向（c 軸方向）にわずかにシフトした位置で安定化する．このイオンの偏りは，隣接する周囲の結晶格子内でも同じ方向に起こり，巨視的な分極，すなわち自発分極が c 軸方向に発現する．

変位形強誘電体としては，$BaTiO_3$ と同様のペロブスカイト構造の $PbTiO_3$ や，ペロブスカイト構造ではないが $LiNbO_3$ が有名である．特に，$PbTiO_3$ は，反強誘電体である $PbZrO_3$ との二元系固溶体である $Pb(Zr_xTi_{1-x})O_3$（略称 PZT）が圧電セラミックスとして重要である．

（b） 秩序無秩序形強誘電体

永久双極子モーメントをもち，それらの間の相互作用（**双極子–双極子相互作用**（dipole-dipole interaction））により，電界無印加時でも双極子が向きをそろえて自発分極が発現するものが秩序無秩序形強誘電体である．その代表例は，第二リン酸カリウム KH_2PO_4 である．KH_2PO_4 は，ドイツ語の頭文字をとって KDP とも呼ばれている．KH_2PO_4 は，結晶中のリン酸基（PO_4）が水素結合（O-H-O）を介して三次元的に結合しており，その水素結合上のプロトンの相対位置により永久双極子モーメントの方向が決まる．キュリー温度（123 K）以上では，プロトンの分布が対称的で永久双極子モーメントが無秩序に配向しているが，123 K 以下では，プロトンが水素結合上で偏って分布し，しかも偏り方に秩序が現れることにより永久双極子モーメントが揃い自発分極が発現する．

秩序無秩序形に属する強誘電体には，KH_2PO_4 のほか，ロッシェル塩（$NaK(C_4H_4O_6) \cdot 4H_2O$），硫酸グリシン（$(NH_2CH_2COOH)_3 \cdot H_2SO_4$），亜硝酸ナトリウム（ソーダ）（$NaNO_2$）などがあり，ロッシェル塩は初めて強誘電性が確認された物質であり，硫酸グリシンは TGS と呼ばれる．

〔4〕 反強誘電性

隣接する双極子モーメントが反平行に規則的に並んだ状態を**反強誘電性**（antiferroelectricity）といい，この性質を示す物質を**反強誘電体**（antiferroelectric）と呼ぶ．この場合，外部電界がない状態ではおのおのの双極子モーメントは打ち消しあい自発分極は存在しない．しかし，ある値以上の電界を印加すると自発分極が現れ強誘電体に転移する．その結果，P-E 曲線は，$E = 0$ 近傍では常誘電体と同様に分極が電界に比例するが，電界がかかった状態でヒステリシスが観測される．

代表的な反強誘電体である PbZrO₃ は,ペロブスカイト構造をとり,降温すると 503 K で立方晶から斜方晶へ相転移して反強誘電相を示す.

〔5〕圧電性と焦電性
(a) 圧電性

6·2 節〔1〕の結晶の対称性の考察からわかるように,**図 6·6** (a) のように反転対称中心をもたない結晶に一様な**応力** (stress) を加えて結晶内の電荷の分布を変化させると,同図 (b) のように分極が発生する.この性質を**圧電性**といい,この現象を**圧電効果** (piezoelectric effect) と呼ぶ.逆に,圧電性を示す結晶に電界を加えると,電界に比例した**ひずみ** (strain) が生じる.この現象を**逆圧電効果** (converse piezoelectric effect) と呼ぶことがあり,アクチュエータや超音波発生素子などに応用される.これら圧電性結晶の示す現象は,応力,電界に対して一次の応答であり,応力の方向(圧力と張力)や電界の方向を変えることにより,発生する電界の極性や変形の方向(収縮と伸長)がそれぞれ変化する.

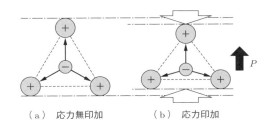

(a) 応力無印加　　(b) 応力印加

図 6·6 応力印加による分極の発生

圧電材料としては,ペロブスカイト形酸化物である PZT (Pb(Zr$_x$Ti$_{1-x}$)O₃) が実用上重要であり,組成比 $x=0.5$ 付近で大きな圧電定数と電気機械変換定数を示す.

(b) 焦電性

自発分極は,通常表面電荷や電気伝導性などの影響で相殺されているが,温度変化により自発分極が変化すると,それを補償する電荷の移動に遅れが生じ,相殺されずに外部に一時的な電圧が現れる場合がある.このような現象を**焦電性**と呼ぶ.
温度 T が時間変化したとき,自発分極の温度変化 dP_s/dT が 0 でない場合,単

位面積当たりに次の電流密度の焦電電流 J_p が流れる.

$$J_p = \frac{dP_s}{dT} \cdot \frac{dT}{dt} \tag{6・3}$$

このとき, $\gamma_p = |dP_s/dT|$ を**焦電係数**(pyroelectric coefficient) と呼び, 焦電効果の程度の大きさを表す.

焦電材料の応用としては, 直接温度を測定する温度センサのほかに, 光を一旦熱に変換して検出する光センサも重要である. 特に, 紫外線からミリ波帯に至る非常に広範囲の波長の電磁波の検出が可能である. なかでも, 赤外線領域では, 感度は光導電形の半導体センサにおよばないが, 冷却が不要であることから, 赤外線撮像装置, 非接触温度センサ, 人体検出器, 火災報知器など広く応用されている. 実用化されている焦電材料は, $PbTiO_3$ 系では $(Pb,Ca)TiO_3$, $PbTiO_3$-$La_{2/3}TiO_3$, PZT 系では $Pb(Ti,Zr)O_3$-$Pb(Sn_{1/2}Sb_{1/2})O_3$ などがある.

6・3 酸化膜と絶縁膜の作製プロセス

〔1〕酸化プロセス

Si ウェハを, 酸素または水蒸気などの酸化性ガスの雰囲気中に置いて, 1 000°C 前後の高温に加熱すると, 表面が酸化されて SiO_2 が形成される. この Si の熱酸化(thermal oxidation) の化学反応は, 次のとおりである.

$$\left. \begin{array}{ll} Si + O_2 \rightarrow SiO_2 & \text{(酸素雰囲気中)} \\ Si + 2H_2O \rightarrow SiO_2 + 2H_2 & \text{(水蒸気雰囲気中)} \end{array} \right\} \tag{6・4}$$

Si が酸化して SiO_2 になると, 体積が増大し, 膜厚は約 2.2 倍になる.

シリコン酸化膜と Si の界面のトラップ準位密度は, 10^{10} cm^{-2} 程度と低く, 界面は電気的に安定である. また, 膜中のイオン電荷密度も同程度で, シリコン酸化膜は安定で良質な絶縁膜である. この優れた界面特性と膜の安定性ゆえに, シリコン酸化膜は MOS (Metal-Oxide-Semiconductor) トランジスタのゲート絶縁膜に利用され, 優れた特性が得られている.

Si の熱酸化は, 次の過程で説明される. Si の熱酸化のモデルを図 6・7 に示した. (1) 酸素原子や酸素イオン(酸化剤)が, ガス中を酸化膜の表面に到達し, (2) 酸化剤が拡散して, 酸化膜を通り抜けて, SiO_2–Si 界面に達し, (3) Si の表面で反応

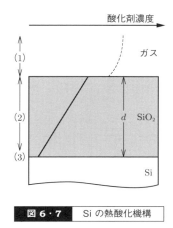

図 6・7 Si の熱酸化機構

が起こり，酸化が進む．この熱酸化機構では，酸化剤の拡散速度が濃度勾配に比例するため，酸化速度は，酸化膜の膜厚 d に反比例する．それゆえ，酸化膜の厚さ d は酸化時間 t の 1/2 乗に比例する（1/2 乗則）．ただし，酸化温度が低い場合は，酸化反応によって酸化速度が律速されるため，酸化膜厚が酸化時間に比例する．

〔2〕絶縁膜の堆積

半導体素子の製造工程において，ある程度構造が形成された後に，絶縁膜を堆積する場合がある．その際は，既存部分への影響を小さくするために，低温で処理する必要がある．低温で絶縁膜を堆積する方法には，熱分解などの化学的な反応を用いて，加熱した基板上に成膜する CVD（chemical vapor deposition）法と，常温に近い温度で基板上に物理的手段で堆積する（PVD：physical vapor deposition）方法である，真空蒸着やスパッタリング（sputtering）がある．

CVD 法は，気体または固体や液体を蒸発により気化した原料を，キャリヤガスとともに加熱した反応炉に導入し，酸化や熱分解などの化学反応によって，酸化物などを合成して，基板表面に堆積する方法である．SiO_2 膜はモノシラン（SiH_4）やテトラエトキシシラン（tetra-ethoxy-silane，TEOS と略される．$Si(C_2H_5O)_4$）などの化合物の酸化や熱分解反応により成膜する．反応温度は 400°C 前後の低温である．反応温度が 500°C 以上の高温で成膜した SiO_2 膜は緻密で，SiO_2–Si 界面の電気特性も熱酸化で形成した SiO_2 膜と同程度に優れている．

CVD 法による成膜機構を **図 6・8** に示した．材料ガスから成膜までの過程は複雑

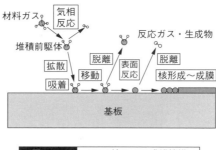

図6・8 CVD法による成膜機構

であるが，基本的には材料ガスと反応生成物を用いた反応式で表される．SiH_4の酸化反応の場合は次のようになり，反応生成物は不純物を含まない水蒸気や水素である．

$$\left.\begin{array}{l} SiH_4 + O_2 \rightarrow SiO_2 + 2H_2O \\ SiH_4 + 2H_2O \rightarrow SiO_2 + 4H_2 \end{array}\right\} \quad (6\cdot5)$$

Si_3N_4（窒化シリコン）膜は，酸素を通しにくいため，Si 酸化のマスクとして用いられる．また，不純物が SiO_2 膜に比べて透過しにくいため，パッシベーション（passivation，表面の安定化処理）にも用いられる．Si_3N_4 膜の堆積にもCVD法が用いられ，SiH_4 と N_2 または NH_3 の系における窒化反応により形成する．Si_3N_4 膜を低温で形成する方法に，プラズマCVD法がある．原料ガスを減圧下のプラズマ放電で分解し，化学的に活性化した原子や分子として，反応させて成膜する．300°C前後の低温で成膜できるため，集積回路の製造プロセスにおいて，電極配線工程の後の最終的な保護膜として用いられる．

反応管内に並べた多数枚のウェハに，均一に成膜するために，反応分子の平均自由行程を長くできるLPCVD（low pressure CVD）法がある．絶縁膜ではないが，MOSトランジスタのゲート電極などに用いられる多結晶 Si は，LPCVD法を用いて，600°C前後の温度でモノシラン（SiH_4）の熱分解によって堆積している．

真空蒸着法は，真空容器内で原材料を加熱・蒸発して，基板上に堆積する方法である．蒸着容器内の残留ガス圧を約 10^{-2} Pa 以下に排気し，残留ガス分子の平均自由行程を容器の大きさ程度にして，蒸発分子と衝突しないようにする．原材料はヒータによる加熱，または電子照射による加熱により蒸発させる．残留ガス圧は，蒸着した膜の組成や性質に大きく影響するため，蒸発分子の分圧が残留ガ

スの分圧に比べて十分に高くなるように，装置の排気能力を設定する必要がある．真空蒸着法で成膜した SiO_2 膜は，密度が小さく多孔質である．

スパッタリングは，真空容器内で約 1 Pa に減圧した Ar ガスなどの雰囲気中で放電を起こし，Ar^+ イオンをソース材料（ターゲット）に加速衝突させて，ターゲットから離脱したソース物質を，基板表面に堆積する方法である．スパッタリングには，陽極と陰極の 2 極間に直流電圧を印加する DC スパッタリング，ターゲット材料の帯電を防止するために高周波電圧を印加する RF スパッタリング，ソース物質が堆積する前に反応させる反応性スパッタリングなどがある．RF スパッタリングでは絶縁物ターゲットから絶縁膜を堆積できる．スパッタリングで成膜した SiO_2 膜は，熱酸化で形成した SiO_2 膜に近い性質である．

6·4 高誘電率のゲート絶縁膜

MOS トランジスタのゲート酸化膜には，SiO_2 膜や酸窒化膜（SiON）が用いられてきた．集積回路の高性能化にともなって，素子の微細化（スケーリング）が進み，ゲート酸化膜が薄膜化された．その結果，ゲート酸化膜厚が 1 nm 程度にまで極薄になると，直接トンネル現象によるゲートリーク電流の増加が顕著になり，絶縁膜として機能しなくなった．

そこで，SiO_2 膜に比べて，高誘電率（high-k）の絶縁膜が導入されることになった．これは誘電率が高いため，電気的な特性（容量）を損うことなく，絶縁膜の物理的膜厚を増加でき，トンネルリーク電流を抑制できるからである．そこで，実効的な膜厚を表現するために，high-k 絶縁膜の膜厚 $t_{\text{high-}k}$ を，SiO_2 膜厚に換算する下式で示した等価膜厚 t_{eq} (equivalent oxide thickness, EOT) が導入された．

$$t_{eq} = \frac{\varepsilon_{\text{SiO}_2}}{\varepsilon_{\text{high-}k}} t_{\text{high-}k} \tag{6·6}$$

これからわかるとおり，high-k 絶縁膜は，その誘電率に反比例して，薄い SiO_2 膜と電気的に等価である．

代表的な high-k 絶縁膜の候補には，HfO_2，ZrO_2，La_2O_3，Al_2O_3，TiO_2 などの二元酸化物，それらのシリケート（$HfSi_xO_y$，$ZrSi_xO_y$ など）と $HfO_2 \cdot SiO_2$，$ZrO_2 \cdot SiO_2$，$La_2O_3 \cdot SiO_2$，$Y_2O_3 \cdot SiO_2$ などの複合酸化物，さらに $LaAlO_3$，$SrTiO_3$，$SrZrO_3$ などの多元系酸化物がある．誘電体の比誘電率を**表 6·2** に示した．これら

表6・2 高誘電率絶縁膜の比誘電率

	誘 電 体	比誘電率
二元酸化物	HfO_2	20～22
	ZrO_2	22～25
	La_2O_3	25～30
	Al_2O_3	9～11
	TiO_2	80～95
複合酸化物	$HfO_2 \cdot SiO_2$	10～13
	$ZrO_2 \cdot SiO_2$	10～13
	$La_2O_3 \cdot SiO_2$	16～20
	$Y_2O_3 \cdot SiO_2$	10～11
多元系酸化物	$LaAlO_3$	25
	$SrTiO_3$	25
	$SrZrO_3$	200

の high-k 絶縁膜の比誘電率は，概ね 10～30 程度であるが，$SrTiO_3$ では 200 程度にもなる．

ただし，SiO_2–Si 界面は，6・3 節〔1〕でも述べたように，低界面密度の優れた特性をもっているため，high-k 絶縁膜を採用しても，high-k 絶縁膜と Si との間に単分子層程度の SiO_2 を設ける．全ゲート容量は超薄膜の SiO_2 膜と high-k 絶縁膜の容量の直列となるため，SiO_2 膜厚や high-k 絶縁膜の誘電率によって，その効果が得られる範囲に限度があることを考慮しなくてはならない．

high-k 絶縁膜を MOS トランジスタに用いるためには，以下に示すような要件を満足しなくてはならない．まずは熱力学的安定性である．high-k 絶縁膜は Si と電極材料にサンドイッチされた構造で，高温の熱処理に曝される．そのため，Si との界面で化学反応を起こす Ta_2O_3 や TiO_2 を用いる場合は，high-k 絶縁膜と Si の間に SiN_x のような拡散の障壁となる膜を挟む必要がある．

high-k 絶縁膜を選択する際には，バンドギャップと伝導帯・価電子帯のバンドオフセットを考慮しなくてはならない．ゲート電圧や Si のバンドギャップから，high-k 絶縁膜のバンドギャップは 3 eV 以上が必要である．ただし，バンド配列の非対称性によって生じる，伝導帯オフセットの不足などに留意しなくてはならない．

その他にも，high-k 絶縁膜材料の堆積法，構造の熱的安定性，エッチング処理

における選択性，などの要件を満たす必要がある．以上のような厳しい条件に合致し，最初に製品適用された high-k 絶縁膜は，Hf 系の絶縁膜である．

high-k 絶縁膜の形成には，6.3 節〔2〕に記述した堆積法を用いることができる．しかし，膜厚の均一性や低損傷性の要求から，有機金属化学気相堆積法（MOCVD, metal organic chemical vapor deposition）や，原子層堆積法（ALD, atomic layer deposition）と呼ばれる化学気相堆積技術が，超薄膜の high-k ゲート絶縁膜の形成に適している．

high-k 絶縁膜に対する要求を緩和するために，high-k 絶縁膜は金属ゲートとともに用いられる．ただし，金属ゲートにも，high-k 絶縁膜材料と同様の，化学的・熱力学的安定性やプロセスの整合性などにおいて，満足しなければならない要件がある．また，適切なバンド配列を得るには，MOS トランジスタのチャネル極性に合わせて，仕事関数を考慮しなくてはならない．

6・5 低誘電率の配線層間膜

電気信号が配線を伝わる際の遅延時間は，配線の容量（C）と抵抗（R）の積（CR）で決まる．半導体素子の集積密度の増大により，隣接配線の間隔と多層配線の層間隔が短くなり，配線間の寄生容量が増大した．そのため，信号配線において信号の伝搬遅延や，配線間の信号のクロストークが増大し，集積回路の性能に悪影響を及ぼすようになった．そこで，配線遅延を低減するために，配線間容量を SiO_2 膜より低くできる低誘電率（low-k）の絶縁膜が用いられるようになった．

絶縁膜材料の誘電率は，膜を構成する分子や原子の分極率と密度に依存している．よって low-k 絶縁膜を得るには，低分極化もしくは低密度化すればよい．低分極化は，分極率の低減に効果的なフッ素原子の添加や，分極率の小さい有機ポリマー系の膜の適用により行われている．フッ素を添加した SiO_2 膜（SiOF）では比誘電率が約 3.6 で，ポリアリルエーテル（PAE）などの有機膜では，比誘電率は 2.6〜3.0 である．

低密度化された low-k 絶縁膜では，SiO_2 に水素を添加した HSQ（hydrogen silsesquioxane）膜や，炭素添加の MSQ（methylsilsesquioxane）膜や SiOCH 膜において，2.8〜3.1 の比誘電率が得られている．さらに比誘電率を 2.5 以下にまで低減するために，多孔質化（膜中に空孔を形成）したポーラス膜などがある．

low-k 絶縁膜の実用化においては，次のような課題があった．多孔質化などの影響により機械的強度が弱く，下地との密着性が悪いために剥離もしくは膜の破壊を生じる，さらにはエッチングなどのプロセスダメージにより誘電率が増加する，などである．これらは，ポーラス構造の材料設計，電子ビームや紫外光の照射による改質（EB もしくは UV キュアプロセス），ダメージの修復処理などにより克服されている．low-k 絶縁膜の形成方法には，比較的簡便なプラズマ CVD や塗布方式が用いられている．ただし，膜の改質やダメージ修復のために，キュア装置などの周辺装置が必要である．

演習問題

1 分極の種類をあげ，各分極が生じる機構とその特徴を述べよ．また，誘電率の実部と虚部の周波数特性が図 6·3 のような形状になることを示せ．

2 強誘電性，反強誘電性，圧電性および焦電性について，その主な特徴を述べよ．

3 Si を酸化して SiO_2 を形成した際に，膜厚が約 2.2 倍になることを示せ．なお，Si と SiO_2 の密度は，それぞれ $2.33\,g/cm^3$，$2.2\,g/cm^3$ を使え．

4 次に示す SiN 膜の組成を求めよ．
  (1) プラズマ CVD 法で作製した SiN 膜において，H が 30 原子%含まれており Si/N の比率が 1.1 であった．
  (2) LPCVD 法で作製した SiN 膜において，H が 10 原子%含まれており Si/N の比率が 0.75 であった．

5 high-k 絶縁膜を MOS トランジスタのゲート酸化膜に用いる場合の利点と欠点を記せ．さらに，その絶縁膜の選択に際して考慮すべき項目を記せ．

7章 磁性体

　本章では，常磁性，強磁性，反強磁性などの磁性体の基礎的な性質，および，それらの主な材料と応用例について学ぶ．具体的には，磁性体の磁化率や磁区などの基礎物性，磁性体の分類と特徴，さまざまな強磁性体の機能の種類と応用，反強磁性体と巨大磁気，抵抗材料，および，磁気光学材料および超巨大磁気抵抗材料について概要をつかんでほしい．

7・1 磁性体材料の主な特徴

　磁性は，原子の磁気モーメントにより発現する．磁気モーメント μ_m には，電子が核の周りの軌道を回る**軌道角運動量** l と電子自身の回転による**スピン角運動量** s の両者の寄与で決まり，次式で表される．

$$\boldsymbol{\mu}_m = -\mu_B(\boldsymbol{l} + 2\boldsymbol{s}) = -g\mu_B \boldsymbol{J} \tag{7・1}$$

ここで，μ_B はボーア磁子，$\hbar \boldsymbol{J}$ は**全角運動量**で，g は**分光学的分裂因子**（または**ランデの g 因子**）と呼ばれる．ボーア磁子，および g 因子は

$$\mu_B = \frac{e\hbar}{2m} = 9.274 \times 10^{-24}\,\mathrm{A\cdot m^2} \tag{7・2}$$

$$g = 1 + \frac{J(J+1) + s(s+1) - l(l+1)}{2J(J+1)} \tag{7・3}$$

で表される．l, s は，非閉殻にある電子数で異なり，**フントの法則**できまる．

　磁性の特性を決める磁化ベクトル $\boldsymbol{M}$ は，k 番目の原子の磁気モーメント $\boldsymbol{\mu}_{mk}$ の重ね合わせとして

$$\boldsymbol{M} = \sum_k \boldsymbol{\mu}_{mk} \tag{7・4}$$

で記述され，磁性体中のマクロな磁束密度 $\boldsymbol{B}$ は，$\boldsymbol{M}$ と磁界 $\boldsymbol{H}$ を用いて

$$\boldsymbol{B} = \mu_0(\boldsymbol{H} + \boldsymbol{M}) \tag{7・5}$$

と表せる．ここで，$\mu_0 = 4\pi \times 10^{-7}\,\mathrm{H/m}$ である．

磁化率 χ_m あるいは**比透磁率** μ_r を用いて

$$\boldsymbol{B} = (1+\chi_m)\mu_0\boldsymbol{H} = \mu_r\mu_0\boldsymbol{H} \tag{7・6}$$

とも表される.

磁性体は，**常磁性**，**強磁性**，**反強磁性**などに分類することができる．磁気モーメントの大きさと印加磁界との半定量的関係を図7·1 に示す．常磁性は，磁化に線形的に変化し，反磁性は $-\boldsymbol{H}$ に比例する．それに比べて強磁性は，最初（低磁界で）は徐々に，次に大きく変化し，$\boldsymbol{H}$ が十分強くなると飽和する．また，超電導体は完全反磁性体として，反磁性より非常に大きな負の M を示す.

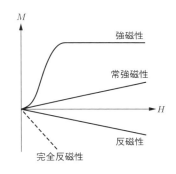

図7・1 さまざまな磁性に対する磁界と磁化の関係

常磁性は，磁界のないときは，磁気モーメントはランダムに配向し，磁界のもとで磁性を示すもので，磁化率は絶対温度 T に反比例する．χ_m は**キュリーの法則**により，

$$\chi_m = \frac{C}{T} \tag{7・7}$$

の関係で記述される．ここで，C は**キュリー定数**である．

強磁性体は，図7·2 に示す磁化曲線を示す．$H=0$ から出発する**初磁化曲線**は，大きな磁界で**飽和磁化** M_s を示し，減磁曲線では，$H=0$ で有限の残留磁化 M_r（**自発磁化**）を示し，負磁界 $-H_C$ で磁化 $M=0$ を横切るヒステリシス曲線を描く．H_C を**保持力**と呼ぶ．

強磁性は，ある温度（キュリー温度 T_C）以上で磁気モーメントがバラバラな方

7・1 磁性体材料の主な特徴

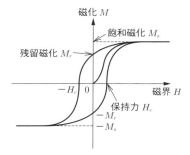

図 7・2 強磁性体における印加磁界と磁化の関係

向を示し常磁性になる．このとき，式 (7·7) に対応する磁化率の変化は

$$\chi_m = \frac{C}{T - T_C} \tag{7·8}$$

で表され，**キュリー・ワイスの法則**という．

強磁性状態は 2 種類に分類することができ，一つは，完全に分極が一方向を向く強磁性（**フェロ磁性**）であり，もう一つは，フェリ磁性である．**フェリ磁性**では，**フェロ磁性**と同じ方向を向く磁気モーメントと，一部反転した磁気モーメントとを有し，その差が自発分極として現れる（**図 7·3**）．**フェロ磁性**もある温度以上で自発分極が生じるが，式 (7·8) のような直線的な変化はしない．この温度は，研究者の名前をとって，**ネール温度** T_N と呼ばれることがある（反強磁性が常磁性へと変化する温度もネール温度と呼ばれる）．

反強磁性は，局所的には有限の磁気モーメントはあるが，隣り合う磁気モーメントが打ち消しあうため，全体として磁化を持たない．酸化物系などでは，遷移金属元素の 3d 電子が，酸素の 2p 軌道と混成結合し，その 180° 反対側にある遷

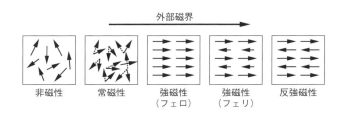

図 7・3 さまざまな状態における原子磁石の配列

移金属元素の 3d 電子に影響し，逆向きの磁気モーメントを与える**超交換相互作用**により反磁性が発現している．反強磁性が常磁性へと変化する温度も**ネール温度**と呼ぶ．

　強磁性の基本的な要素として，**磁区**と**磁壁**がある．強磁性体が飽和磁化し，**原子磁石**が一方向に配列した後，外部磁界を除いた場合を考える．この時，**原子磁石**が発する内部の磁界は，打ち消しあい 0 となる．しかし，強磁性体の端では，一方が N 極，もう一方が S 極として存在すると，N 極から S 極に磁力線が向かうが，内部では原子分極とは逆方向の磁界ベクトル（反磁界）となっている．この状況では，原子磁石は不安定となる．このとき，隣接する領域には逆方向の原子分極が配列したほうが安定である．このような概念で磁区が存在する．強磁性体が，初磁化曲線上において，最初は図 7·4 (a) のように，全体では打ち消しあっており，外部磁界が印加されるにつれて，徐々に印加磁界の向きに一致した**ドメイン**が成長することで，磁化が増大し，最終的には，全ドメインが一方向を向くことで飽和磁化となり，減磁により，一部のドメインが逆を向くことで，**残留磁化**は飽和磁化より小さくなっている．このような状況では，ドメインは正反対を向いた 180° ドメインと，垂直につながった 90° ドメインが存在できる．

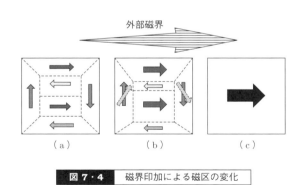

図 7·4　磁界印加による磁区の変化

　磁区と磁区との間のドメイン界面では，原子レベルで徐々にベクトルが反転しており，**磁壁**と呼ぶ，ある厚みの層が存在している．

　その他，磁気材料の応用に重要な基本的な現象として，**ファラデー回転**で知られる**磁気光学効果**がある．図 7·5 に示すように，同材料に直線偏光した光を入射し，同時に進行方向に磁界 H を印加すると，光の偏光面が回転して出てくる．

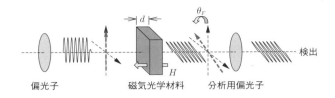

図7・5 ファラデー回転と検出方法．二つの偏光板を垂直偏光にしたクロスニコル条件下で，回転して透過してきた光を検出

その回転角 θ は，結晶の長さを l として

$$\theta = V \cdot l \cdot H \tag{7・9}$$

で表される．ここで，V は材料に依存し，**ベルデ定数**と呼ばれる．回転する原理は，直線偏光を右回りと左回りの円偏光の重ね合わせと考え，磁気光学材料が，磁場中では両者に対する屈折率に差異が生ずることに起因している．同じように反射配置での磁気光学応答として，磁気カー効果なども重要な磁性体の性質である．

7・2 強磁性体材料とその用途

強磁性体は保持力 H_C の差によって，いくつかの種類に分類することができる．H_C の小さなものを**軟質磁性材料**，中ぐらいのものを**半硬質磁性材料**，大きなものを**硬質磁性材料**と呼ぶ．

軟質磁性材料は，変圧器の鉄心，磁気ヘッド，磁気シールドなどに用いられるもので，**高透磁率**を有する材料である．一般的な軟強磁性材料は，**遷移金属**とそれらの合金がある．遷移金属元素の中で，室温（300 K）で強磁性を示すものは，α 鉄（Fe），コバルト（Co），ニッケル（Ni）の三種だけである．飽和磁束密度の増大には，原子あたりの磁気モーメントを大きくすることが必要で，Fe-Co などの合金により実現することができる．

軟磁性材料として要求される性質は，保持力を小さく，透磁率が大きく，かつ損失が小さいことである．そのためには，不純物・ひずみの削減や材料の組合せによる異方性・磁気ひずみの最小化により，磁壁の移動速度の向上が図られる．

損失には，**ヒステリシス損失**，**渦電流損失**，**残留損失**が主な要因である．**ヒステリシス損失** W は，B-H ヒステリシス曲線1周の面積で決まり

$$W = f \oint H dB \, [\mathrm{W \cdot m^{-3}}] \tag{7・10}$$

で表される．ここで，f は周波数である．

磁性体に交番磁束が印加されると**渦電流**が誘導され，損失の一要因となる．この損失は，薄板の積層化などにより削減される．**残留損失**の寄与はそれほど大きくないが，交番周波数の増大による削減が図られる．

代表的な材料の純鉄は，安価であるが鉄損が大きいがケイ素（Si）を加えることで，磁気特性を改善できる．鉄とニッケルとの合金は，**パーマロイ**と称され，透磁率が高く，優れた磁気特性を示す．

絶縁性強磁性体の代表として**スピネルフェライト**がある．このフェライトは，化学式 $MO \cdot Fe_2O_3$ で表され，M には Zn，Cu，Mn，Ni，Fe などが入る．実際には，M に 2 種の混合が用いられ，$Mn_{1-x}Zn_xO \cdot Fe_2O_3$ などの複合フェライトが用いられる．また，高周波応用としては，$BaO \cdot 6Fe_2O_3$ と上記フェライトとの固溶体などが用いられる．

硬質磁性体は保持力の大きな強磁性体で，主な応用は**永久磁石**である．永久磁石の性能は，残留磁束密度 B_r と保持力 H_C の積 $(BH)_{max}$ の大きさで決まる．代表的な永久磁石材料として，**アルニコ**（Ai，Ni，Co，Cu，Ti 化合物合金），**フェライト**（$BaO \cdot 6Fe_2O_3$），**希土類磁石**（$SmCo_5$，$Nd_2Fe_{14}B$）などがある．B_r の増大には M_s を増大する，H_C の増大には内部応力や不純物添加により磁壁の移動を制限する，あるいは，単磁区構造にするなどの方法があげられる．$(BH)_{max}$ の変遷を図 7・6 に示す．

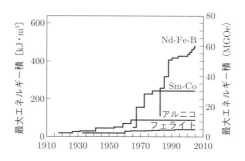

図 7・6 永久磁石の $(BH)_{max}$ の変遷

半硬質磁性体は，硬質と軟質の中間的な強磁性を示し，磁気記録媒体などに用いられている．古くは，**マグネタイト**（Fe_2O_3）が代表的であり，CoCr 合金および Pt などをドープしたものなどがある．

7・3 反強磁性体材料とその用途

反強磁性体は，それ単独での応用はほとんどないが，強磁性体と組み合わせることで，後述の**スピンバルブ**の基本要素として用いられている．代表的な例として，**酸化マンガン**（MnO）がある．そのスピンの配列は，図 7・7 のようであり，全体として磁化を示さない．

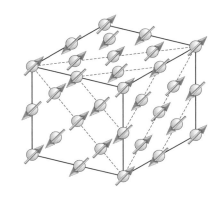

図 7・7 MnO における反強磁性原子磁石分布

超電導体は，マイスナー効果により磁界の侵入を許さない完全反強磁性体として知られている．詳細については，8 章を参照のこと．

7・4 巨大磁気抵抗材料と応用

巨大磁気抵抗[*1]デバイスは，磁気材料応用の重要な一つである．1988 年 Fert らは，Fe と Cr の積層多層薄膜における電流輸送特性を測定した．Fe は強磁性金属であり，Cr は反強磁性金属である．磁界を平行に印加した場合と磁界がない場

---

*1 2007 年ノーベル物理学賞の対象

合では,それぞれ磁化ベクトルが配列しているか,否かに対応する.彼らは,膜面に平行な方向に電流を流した場合の電気抵抗が膜構造,印加磁界により大きく変化することを発見した(図7.8).磁界ゼロの状態では,隣接する Fe 層の磁化が互いに逆向きとなる.これは,反強磁性体 Cr 層を介して,強磁性 Fe 層の間に**交換相互作用**が働き,反平行磁化状態が安定になるためである.外部から膜に平行に磁界が印加されると Fe 層の磁化が配列するため,キャリヤ散乱の低減を伴い,電気抵抗が大きく減少する.20 kOe の印加磁界では,抵抗が約半分(抵抗変化率は約 50%)になっている.これを**巨大磁気抵抗効果**(Giant Magnetoresistance:GMR)と呼ぶ.この発見に伴い,スピンバルブなどさまざまな応用へと広がっている.この応用については,スピントロニクス(13 章)で詳しく述べる.

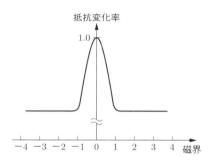

図 7・8 Fe/Cr 積層超格子における強大磁気抵抗効果観測例

7・5 その他の磁性材料と応用

ファラデー効果は,光の偏光を回転できることを利用して,図 7.5 に示すような配置により,光の戻り光を遮断する光アイソレータとして,光通信などで広く利用されている.磁気光学効果を示す代表的な材料は**磁性ガーネット**で **YIG** ($Y_3Fe_5O_{12}$)をベースとしており,元素の一部を置換することで大きなファラデー回転角が得られる.

図 7.9 に YIG の結晶構造を示す.この構造では,三つのカチオンサイトを持ち,Y が 12 面体,Fe が 8 面体と 4 面体の 2 種の位置を占める.波長 1 μm の光に対して,Co,Fe,Ni などは $10^5 \sim 10^6$ deg/cm の回転をもつが,YIG は 10^2 deg/cm 程

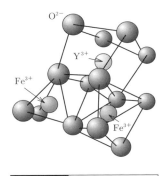

図 7・9 YIG の結晶構造

度と低い．しかし，光の減衰を考慮した，単位吸収損失当たりのファラデー回転角は，1 桁以上大きい．

大きな磁気光学効果を得るために，Y サイトを，希土類と Bi の混合によって置換する．たとえば YIG の回転角が 250 deg/cm，性能指数 1 deg/dB に対して，$Gd_2BiFe_5O_{12}$ では，それぞれ 10^4 と 44 と大きく改善されている．鉄は回転角は大きいが，性能指数は小さい．EuO は大きな性能指数をもっているが，極低温環境が必要である．以上のことから，$Gd_2BiFe_5O_{12}$ とその置換材料が一般的に用いられる．ファラデー効果は，光の透過光を利用するが，**磁気光カー効果**は，その反射による回転を利用する．光磁気ディスクの読み出しなどに使われている．

新しい磁性材料として，超巨大磁気抵抗効果材料も注目されている．$LnMnO_3$ では，Mn は 3 価で反強磁性絶縁体である．Ln の一部を Sr で置き換えると，Mn^{+3} と Mn^{+4} が混在するため，電子がホッピングにより移動できるようになり，導電性が発現する．しかしながら，伝導軌道上のスピンはバラバラであるため，移動の確率は小さい．その状態に，磁界を印加すると，スピンの配列が揃い，一気に電子の移動が容易になる．このことにより，数桁に及ぶ電気抵抗率の変化が現れるため，$Ln_{1-x}Sr_xMnO_3$ は機能性材料としての期待が高まっている．現在はまだ，大きな磁界を必要として，具体的な応用にはつながっていないが，強い非線形を利用したセンサなどへの応用も検討されている．

7章 磁性体

演習問題

1 H-M 曲線と H-B 曲線とを図示し，違いを説明せよ．

2 磁化率の温度依存性を計測した．この実験結果から，キュリー温度を見積もる方法を述べよ．

3 常磁性体，強磁性体，反強磁性体の磁化率の温度依存性はどのようになるか，概略図で説明せよ．

4 飽和磁化状態になるまで印加磁界を加えて，その後ゼロにした．その時，磁化の大きさは，飽和磁化より小さくなった．なぜか？ また，この状態から，磁化がゼロの初期状態まで戻す方法を述べよ．ただし，加熱はしないものとする．

8章 超電体

本章では，超電導体の基本的性質，主な超電導材料およびその応用について学ぶ．具体的には，金属系超電導体，銅酸化物（高温）超電導体，ならびに鉄系など新種超電導体について学習する．

8·1 超電導状態とは

1911年，カマリン・オンネスらは，水銀の電気抵抗が4 K（−269°C）で突然ゼロになる現象を発見した（図8·1）．超電導分野は，それ以後100年間，多くの研究者を魅了し，精力的に研究され続けている．超電導現象の基本的な特徴としては，1) **零電気抵抗**, 2) **マイスナー効果**, 3) **磁束の量子化**, 4) **ジョセフソン効果**の四つの現象が主に挙げられる．

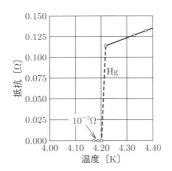

図8・1 カマリン・オンネスによる水銀の超電導発見（H. Kamarin Onnes;: Leide. Comm. 120b（1911））

まず，零電気抵抗とは，その名のとおり抵抗がなくなる現象である．たとえば，超電導体でリングを作り，その中に電流を流すと，抵抗が完全にない（完全導体）

ためエネルギーを消費せず，永久に流れる．これを**永久電流**と呼ぶ．大量の直流電流を流すことができるので，その電流を用いて非常に大きな磁界も発生できる．この流すことのできる直流電流の最大値を**臨界電流**と呼び，それ以上の電流では，超電導状態から常電導状態（通常の金属的なふるまい）に戻ってしまう．超電導状態になる温度を**超電導転移温度** T_c と呼ぶ．

では，そもそもどうして電気抵抗がゼロになるのか？ 理論的には非常に複雑で，高温超電導体の原理などはまだ正確にはわかっていない．ここでは，簡単にその原理を説明する．電流が流れるとき，一般的には，電子が格子で散乱されエネルギーを失うため，電気抵抗が発生する．ところが，超電導体では，電子は特定の他の電子に引き寄せられて，実質的には格子にはぶつからず，電流を運ぶ．電子と電子の間に引力が発生し，**クーパー対**という粒子を形成する．電子と電子が引き寄せられる？ これは一見ありえない現象である．ところが，超電導体では**引力的相互作用**が存在する．図8·2でその概要を説明する．電子と格子では，重さが大きく違い，格子は電子に比べて非常にゆっくりと動く．電子は，図のように格子の中心を電子が走行すると，その電子に引き寄せられて，格子が中心部に引き寄せられる．しかし電子が通り抜けた後でも，格子（原子）はすぐに元の位置には戻れないため，外から見ると中心部が正の電荷を帯びているように見える．このとき，近くにいる電子は，その正電荷に引き寄せられて中心へと向かうため，あたかも，先に通った電子に引き寄せられているかのようにふるまうため，この二つの電子は実質的に格子とは衝突せずに走行する．これにより，零電気抵抗が実現されている．また，引力により二つの電子がクーパー対を形成し安定化していることで，それを分解するためにエネルギーが必要となる．このことにより超電導体は絶対温度 T の関数であるエネルギーギャップ $2\Delta(T)$ をもつ．

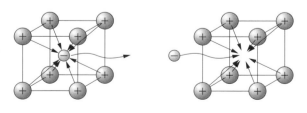

図 8·2 イオンの移動による電子間の引力的相互作用の発現

絶対零度（$T = 0\,\mathrm{K}$）でのエネルギーギャップは，$2\Delta(0\,\mathrm{K}) = 3.5 k_\mathrm{B} T_c$ で表される．ここで，k_B はボルツマン定数である．たとえば，ニオブ（Nb）は $T_c = 9.2\,\mathrm{K}$ で，$2\Delta(0\,\mathrm{K}) \fallingdotseq 1.6\,\mathrm{meV}$ となる．

マイスナー効果とは，超電導体が磁界の侵入を妨げる性質をいう．完全導体（電気抵抗 $R = 0$）状態でマクスウェルの方程式を解くと，磁束密度 B は $dB/dt = 0$ を満たすことが要請される．磁界が時間的に変化しないため，超電導状態になる前の磁界の状態を維持することが期待される．しかし，超電導状態では，実際には，常に $B = 0$ となり，磁界を排斥する性質がある．これは，電気抵抗がないため，表面の極薄い領域に電流が流れ，外部からの磁界を打ち消したほうが，エネルギー的に安定であるためである．このとき，表面近傍に電流が流れることができる深さを**ロンドン侵入長**といい，その領域では磁界も存在できる．材料によって大きく異なるが，数百 nm のオーダのものが多い．このような状況では，超電導体と外部磁界との間には斥力が働く．そのようすを**図 8·3** に示す．

温度＞T_c

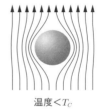
温度＜T_c

図 8·3 マイスナー効果の磁界排除

電子が，量子化されることはよく知られているが，超電導体で中空のループを形成すると，その中に存在できる磁束は量子化され，ϕ_0 の整数倍のみ存在が許される．ϕ_0 はフラクソイドと呼ばれ，$2.07 \times 10^{-15}\,\mathrm{Wb}\,(\mathrm{T\cdot m^2})$ なる大きさである．すなわち，超電導体で囲まれた領域において磁束も量子化し，その単位となる磁束を**磁束量子**と呼ぶ．ここで，**図 8·4** のような超電導リングを考える．超電導領域 S 中を超電導電流 J_s が流れている場合，X，Y，Z の点を通り，1 周したときの超電導状態を表す波動関数における位相差は，電子の質量，電荷量，密度をそれぞれ m，e，n_s とし，$\hbar = h/2\pi$（h はプランク定数）とすると

8章 超電導体

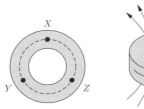
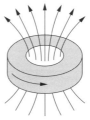

図 8・4 超電導リングと磁束の量子化

$$(\Delta\phi)_{XYZX} = \frac{2m}{\hbar n_s e}\oint J_S dl + \frac{2e}{\hbar}\oint J_S dl \tag{8・1}$$

で与えられる.ここで,ストークスの定理とベクトルポテンシャルの定義より

$$\oint A dl = \iint_S \nabla \times A dS = \iint_S B dS \tag{8・2}$$

となり

$$\Delta\phi = \frac{2m}{\hbar n_s e}\oint J_S dl + \frac{2e}{\hbar}\iint_S B dS \tag{8・3}$$

と書ける.一方,破線上を1周した位相差は,2π の整数(n)倍でなければならない.したがって,式 (8・3) は

$$\frac{m}{n_s e^2}\oint J_S dl + \iint_S B dS = n\cdot\frac{h}{2e} \tag{8・4}$$

と書き直すことができる.

 積分経路を十分リングの内側にとれば,超電導体中に電流は流れない(電流は表面からロンドン侵入長の深さの領域のみを流れる)ので,第一項は 0 となる.すなわち

$$\iint_S B dS = n\cdot\frac{h}{2e} \tag{8・5}$$

となる.ここで,左辺は図 8.4 の破線で囲まれた領域の全磁束量であり,この式は,その磁束量が,$h/2e$ の整数倍になっていることを示している.これにより

$$\phi_0 = \frac{h}{2e} \tag{8・6}$$

が求められる.

 ジョセフソン効果とは,二つの超電導体が非常に薄い絶縁層や常電導層を挟んで接触した場合,その間の**トンネル現象**において,両者の間に相互作用が発生

し，特徴的な電流の輸送が誘起されることをいう．電子の波動性から，金属が極薄い絶縁層を挟んで接合を形成した場合，量子力学的トンネル効果が無視できなくなり，両電極間に電流が流れるのはよく知られている．超電導の場合も，同様なトンネル現象による電流の流れが生じる．しかし，その特性は常電導の場合とは大きく異なり，超電導接合として，エレクトロニクス応用が広く研究されている．超電導接合を形成する構造として，超電導体(S)–絶縁体(I)–超電導体(S)積層構造からなるSIS接合の電流-電圧特性は，図8·5 (a) のような特性を示す．すなわち，エネルギーギャップが存在するため，印加電圧が2Δになるまで電流は流れず，その後電圧をさらに上昇させると，金属–絶縁体–金属構造として，オーミックな電流–電圧特性を示す．

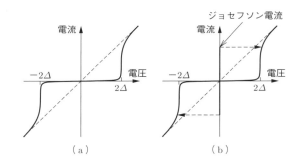

図8·5 SIS接合の電流–電圧特性とジョセフソン効果の特徴

一方，ゼロ電圧状態でも電流が流れる現象が多く観測される（図8·5 (b)）．ジョセフソン（Josephson）はこの現象を**クーパー対**の**トンネル効果**により説明した．それまでの常識では，対のトンネル確率は，単一電子に対する確率の2乗であろうとされ，対のトンネル確率は極めて小さくゼロ電圧状態での電流の流れは説明されないとされてきた．ところがジョセフソンは，対を形成している二つの電子はあたかも1粒子のトンネルであるかのようにみなすことができると仮定したのである．その結果，超電導接合で観測されるさまざまな特性が解明されることとなった．

わずかに隔たりがある超電導層1，2におけるクーパー対の波動関数をそれぞれΨ_1，Ψ_2とし，それらの間で相互作用があるシュレディンガー方程式を満たす，と

仮定する．すなわち，時間に依存する一般的なシュレディンガー方程式は

$$i\hbar \frac{\partial \Psi}{\partial t} = E\Psi \tag{8・7}$$

となるので

$$i\hbar \frac{\partial \Psi_1}{\partial t} = U_1 \Psi_1 + K\Psi_2 \tag{8・8}$$

$$i\hbar \frac{\partial \Psi_2}{\partial t} = U_2 \Psi_2 + K\Psi_1 \tag{8・9}$$

と表せる，と仮定する．両状態 Ψ_1, Ψ_2 の間に相互作用がない場合は，$K=0$ である．U_1, U_2 はポテンシャルエネルギーに相当するので

$$U_1 - U_2 = 2eV \tag{8・10}$$

となると仮定し，両波動関数 Ψ_i は各位相 $\theta_i (i=1,2)$ と対粒子密度 n_S を用いて，次式のように表現できるものとする．

$$\left. \begin{array}{l} \Psi_1 = \sqrt{n_S}\exp(i\theta_1) \\ \Psi_2 = \sqrt{n_S}\exp(i\theta_2) \end{array} \right\} \tag{8・11}$$

ここで，対粒子密度は両領域で同じとしている．接合を流れる電流 I と n_S には，$I \propto \frac{\partial n_S}{\partial t}$ なる関係があるので，式 (8・10), (8・11) を式 (8・8), (8・9) に代入し，$\phi = \theta_2 - \theta_1$ とおくと，ジョセフソン効果の基本式

$$I = I_c \sin\phi \tag{8・12}$$

$$\frac{\partial \phi}{\partial t} = \frac{2eV}{\hbar} \tag{8・13}$$

が導かれる．

　この基本式は，二つの超電導体における波動関数の位相差 ϕ に従って，ゼロ電圧状態でもジョセフソン電流が臨界電流 I_c まで流れること，および電圧印加状態では，位相差の時間微分が有限となるので位相差 ϕ は時間的に変化し，その位相変化に伴い交流電流が流れることを意味している．ジョセフソン効果が存在する場合，$V=0$ の状態を直流（DC）ジョセフソン効果といい，$V \neq 0$ の状態を交流（AC）ジョセフソン効果という．

　上述の超電導体のすべての特徴は，**粒子の集団を波として取り扱う**ことができ，**大きな**（マクロスコピックな）**領域における量子状態**が実現されていることによるものである．たとえば，ある点の電子波の位相が数 m も離れた電子

波に反映されるなど，非常に長い距離においても**コヒーレント状態**が実現される．これは，すべての超電導状態は量子統計的に取り扱うことができることを意味している．超電導状態の量子統計は，物性物理における基本的研究対象の一つであり，非常に幅広く，かつ深く研究されている．

8・2 主な超電導材料とその用途

　超電導は，特異な現象か？　いや，多くの金属は，十分低温では超電導状態に転移する一般的な現象である．しかしその多くは，極低温環境が必要なため，その実用は困難であった．通常の金属で超電導転移温度 T_c が高いものとして Nb がある．超電導の主な研究は T_c の高温化が重要な課題となった．その結果，図 8・6 に示す A15 形構造が優れていることが見いだされた．A15 形構造では，面心立方格子の面心位置に 2 個の原子が対になって入っている．例として，Nb_3Ge や Nb_3Sn などがあり，T_c はそれぞれ 23.2，18.3 K である．

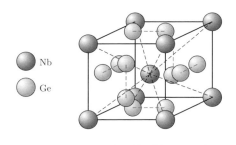

図 8・6　A15 形 Nb_3Ge の結晶構造

　超電導の応用は，エレクトロニクスから電力貯蔵などさまざまな分野に及んでいる．その一つとして，電気抵抗 0 の特徴を用いた超電導線材がある．超電導線材には，大きな電流を流すことができ，それにより，強力な磁力を発生させることができる．このマグネットはさまざまな分野で利用されている．その一つは MRI である．MRI は，核磁気共鳴（NMR）効果によって得られる水素（あるいは水）などの分布を三次元的に画像化するもので，がん診断などに広く利用されている．NMR は，DNA の解明に欠かせない分析装置としても広く最先端研究で利用され

ている.また,超電導リニア(MAGLEV)は,この磁力を用いた磁気浮上式リニアモータカーで,時速 500 km を超える走行速度を実現し,実用化が目前となっている.

その超電導マグネットに利用される線材としては,NbTi が広く利用されている.この線材の T_c は 9.2 K で,上述の A15 形に比べると T_c が低い.なぜ,T_c の低い超電導線材が普及しているのか? そこには,超電導体の磁界に対する強さがある.

超電導体を磁界中 (H_a) に置いた場合を考える.磁界が物質中に侵入すると,その場のエネルギー密度が $\mu_0 H_a^2/2$ 増加する.すなわち,エネルギーが磁界により増大してしまう.ところが,超電導体では,抵抗がないため,自動的に電流が流れて,その磁界のエネルギー上昇を打ち消す.すなわち,電流が超電導体の表面に流れ,超電導体内部の磁界を打ち消す**マイスナー効果**が現れる.外部磁界が強くなりすぎると,表面電流で磁界を排斥できなくなり,超電導状態が維持できなくなる.このように,超電導状態では,ある磁界(臨界磁界)までは,磁界が内部に侵入できない.このような,表面を除いて内部に磁界が全く侵入できない超電導体を**第一種超電導体**という.

一方,実際には多くの超電導体で磁界が進入できる場合がある.この磁界侵入は超電導体材料の**コヒーレンス長** ξ と**磁界侵入長** λ の比 $\kappa = \lambda/\xi$ で概ね決まり,κ が 1 以下の場合は**第一種超電導体**,1 以上の場合は**第二種超電導体**といわれる(実際は 0.71 が境目となっている).磁界侵入のようすを図 8·7 に示す.対応する磁化の印加磁界依存性は,図 8·8 のようになる.

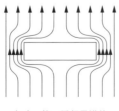
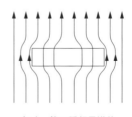

(a) 第一種超電導体 　　(b) 第二種超電導体

図 8·7 第一種超電導体と第二種超電導体における磁束の侵入の違い

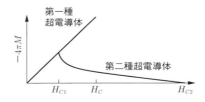

図 8・8 第一種超電導体と第二種超電導体における磁化の印加磁界依存性

　図 8·8 から示すように，**第二種超電導体**では強い磁界が侵入できるため，線材として用いた場合，大きな超電導電流を流すことができる．その特徴を生かして，NbTi は超電導線材として広く利用されている．超電導線材は，電力貯蔵など高磁界発生以外でもさまざまな開発研究が行われている．

　金属系超電導体が応用されている分野として，高感度センサがある．その中で，磁束量子干渉デバイス（SQUID）は，脳の活動で発生する電流パルスにより外部に放射される極微弱な磁気パルス（MEG）（である脳磁）を高感度検出することができるため，脳の活動の研究やてんかんの診断など，病院で利用されている．また，心臓の活動から発生する磁界を計測して，心臓疾患の検査（MCG）に応用しようとする臨床研究も進んでいる．SQUID は，その他，鉱物探査の地質検査や，非破壊検査などさまざまな応用研究が進められている．

　そのような SQUID に主に用いられる超電導体材料は Nb であり，液体ヘリウムを利用して冷却されるものが主流である．SQUID は，磁束の量子化現象とジョセフソン効果を組み合わせることによって実現され，動作の違いにより，直流 SQUID と交流 SQUID に分類される．ジョセフソン電流を精度よく計測することで，ϕ_0 よりはるかに微弱な磁界を検出できるため，SQUID を用いると上述のように脳磁も計測できる．

　その他なくてはならない応用として，世界基準となっているジョセフソン接合で作る**電圧標準**がある．外部から標準となる交流信号（周波数 f）が印加されると，電流-電圧特性に特有のステップが $V = n \cdot hf/2e = n \cdot f/K_{\text{J-90}}$ の間隔で現れる．ここで $K_{\text{J-90}}$ は，デバイスの特性に依存しない定数で，$K_{\text{J-90}} = 483597.9\,\text{GHz/V}$ と定義されている．たとえば，電磁波の周波数を約 100 GHz としてこの標準信号を用いた場合，電圧ステップは $V_1 \simeq 2 \times 10^{-4}\,\text{V}$ であり，1 V の標準電圧の発生に

は数千個のジョセフソン接合を直列につないで動作させる必要がある．

また，**超電導ミキサ**は，ミリ波からテラヘルツ波領域に至る超高感度電磁波検出システムとしてその地位を確立し，量子雑音（雑音温度 $T_N = hf/k_B$：f は周波数）に限りなく近づく感度をもつ検出器として，これまでも研究開発が続けられてきている．ミキサは，検出対象の高周波信号に対して，計測側から既知の高周波信号を供給し，それらを混合することで，高周波信号の差周波を取り出すヘテロダイン計測法を利用するもので，高周波信号を低周波の計測システムで観測できる特徴がある．超電導ミキサとしては，主として 1 THz 程度までの SIS 接合と 1 THz 以上のホットエレクトロンボロメータ（HEB）などがある．超電導トンネル接合（STJ），トランジションエッジセンサ（TES）などを用いた X 線検出器などさまざまな応用が実現されている．用いられる材料は，Nb などに加えて，TiAu，Mo/AuPd など T_c が数十〜数百 mK 程度の材料が高感度材料として用いられている．

センサ以外の次世代への応用として，単一磁束量子（SFQ）を信号として扱う SFQ 論理回路はすでに 120 GHz を超える回路が種々実現されており，また，量子コンピュータの実現には超電導電荷/磁気キュービットを用いるものが有望視されているなど，超電導応用は未来へと広がりを見せている．

8・3 高温超電導材料とその用途

1986 年，ベドノルツ・ミューラーらが La-Ba-Cu-O 化合物の低温物性を評価しているときにたまたま高温超電導体が発見され，その後，さまざまな高温超電導体が発見された．T_c の変遷を**図 8・9** に示す．代表的な $YBa_2Cu_3O_{7-\delta}$（YBCO）の結晶構造を**図 8・10** に示す．また類似の結晶構造をもつ $Bi_2Sr_2Ca_{n-1}Cu_nO_{4+2n+\delta}$（BSCCO）も広く研究されている．YBCO では，酸素欠損により，O-Cu-O の一次元鎖ができていることが特徴で，BSCCO では，n が 1 から 3 になるにつれて，T_c が高くなることが見いだされた（**図 8・11**）．このような銅酸化物に発見後も，MgB_2 や鉄系超電導体など次々と発見され，新規電子材料としての期待は高まっている（**図 8・12**）．

高温超電導材料は，その高い T_c による，低温材料との置き換えが期待されている．そのなかでも大きく期待されているのが，線材応用である．低温超電導体系

8・3 高温超電導材料とその用途

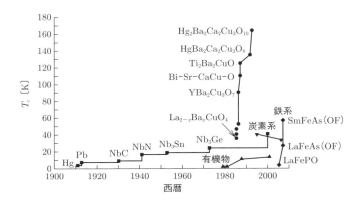

図8・9 さまざまな超電導体の電導転移温度 T_c の変遷

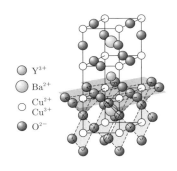

図8・10 YBCO の結晶構造

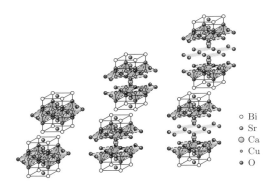

図8・11 BSCCO ($n = 1, 2, 3$) の結晶構造

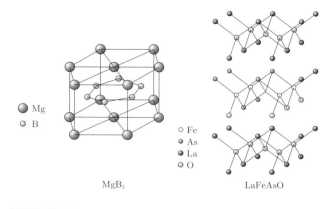

図 8・12 MgB_2 と LaFeAsO の結晶構造（$LaFeAsO_{1-x}F_x$ として F を 4% 以上ドープすると超電導体に変化する）

では冷却コストが高く電力送電などの大規模応用が実現できなかったが，高温超電導体を用いることで，冷凍機などによる間接冷却が可能となり，コスト面で見合うことが試算されている．一方で，YBCO や BSCCO は基本的にセラミック材料であるため線材化へのハードルが高かったが，近年の技術進展により，BSCCO の線材化は，送電のフィールドテストを実施するなど実用化段階に入ってきている．また，すでに応用されているものは，電極などとして低温系超電導材料と組み合わせることで，旧来の低温系応用の成功を高めている．

演習問題

1 厚さ $1\,\mu m$，内径 $10\,\mu m$ の超電導リングを作った．このリングの内側に，1 磁束量子が含まれているとき，リング内側に流れている超電導電流の電流密度を求めよ．ただし，リング内径から $10\,nm$ まで電流が一様に流れているものとする．

─○ 演 習 問 題

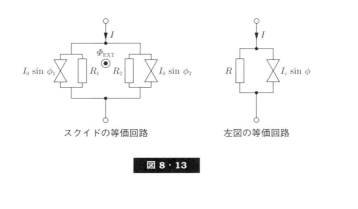

スクイドの等価回路　　　　左図の等価回路

図 8・13

2 式 (8・12) および式 (8・13) を導け.

9章 有機電子光機能材料

　主に，炭素，水素，酸素，窒素などを構成元素とする物質を有機物と呼び，有機物からなる材料を有機材料という．もちろん，二酸化炭素などのような例外もあるが，有機という言葉はもともと生命を意味し，事実，生物の細胞は，主に炭素，水素，酸素，窒素から構成されている．本章では，有機材料のなかでも，電子工学的な機能材料として有用なものや光学的機能を有するものを取り上げ，それらの基本的な構造や特性について学ぶ．具体的には，有機低分子材料（各種色素材料，半導体材料，光電導材料，発光材料，光電変換材料など），有機高分子材料（レジスト材料，導電性材料など）や液晶材料について学習する．

9・1 有機材料の分類

　有機材料を構成する分子は，主に比較的強い結合力をもつ共有結合で結ばれているのに対して，分子どうしは弱いファンデルワールス力により結ばれている．その結果，多くの有機材料は無機材料に比べて低融点である．さらに，有機物は，多くの場合，数～数百万個の原子の集まりからなる分子で構成されており，有機材料も，その構成原子の数，すなわち分子量の大きさにより，低分子材料と高分子材料に分類される．一般に，分子量が 10 000 以下のものを低分子材料，それ以上のものを高分子材料と区別する．

9・2 低分子系有機材料

〔1〕有機色素材料

　有機材料は，一般に大きな分子吸光係数を示すことから，古くから色素材料として用いられてきた．すなわち，可視域波長帯においてさまざまな色を呈し，ま

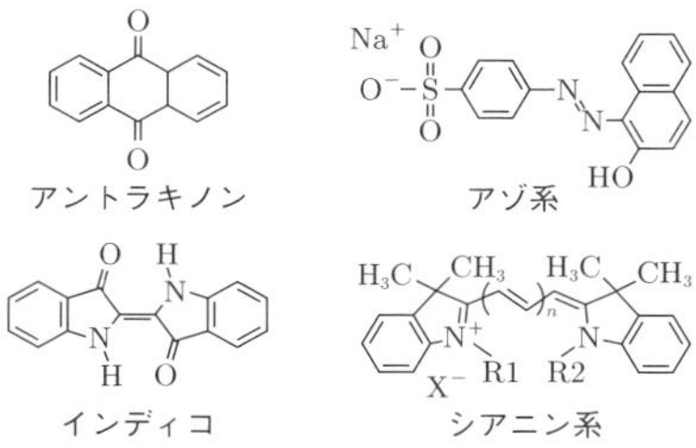

図9・1 代表的な有機色素材料の分子構造

た，光励起することにより可視域から近赤外域に至る広い波長範囲で蛍光を示す．有機材料の色，すなわち光学吸収波長は，主にその分子の LUMO と HOMO の差によってきまる．もちろん，分子の配列状態，会合状態などにより影響を受けることもあるが，個々の構成分子の電子状態で材料自体の色が決まる．言いかえると，分子構造からその材料の色はおおよそ予測がつき，また逆に分子構造の設計により，所望の色の色素を作ることも可能となる．

有機色素材料は，古くは天然物質から抽出したものを顔料や染料として利用していた．たとえば，西洋茜の根から抽出されるアリザニンは，アントラキノンの誘導体であり赤色染料として用いられ，藍や紫貝から取れる紫色の物質はインディコの誘導体である．初めて人工的に合成された色素はアニリン系のモーベインであり，鮮やかな紫色を呈しアニリンパープルとも呼ばれる．それ以降，さまざまな有機色素が合成されているが，**図9.1** に代表的な有機色素材料の分子構造を示す．色は，インディコ系，キノン系，アゾ系，フタロシアニン系など母体構造に依存してほぼ決まる．

〔2〕**有機半導体材料**

有機分子は，もともと絶縁材料と考えられてきた．しかし，π共役系が発達した分子の一部で，無機の半導体に匹敵する電子性の電気伝導性が観測される．このような材料を**有機半導体材料**と呼ぶ．

図9.2 に代表的な有機半導体の例を示す．有機半導体の電子性の伝導を担うものはπ電子であり，いずれの分子も二重結合を有しπ電子共役系が発達している．しかしながら，分子間はファンデルワールスなどの弱い結合力で結ばれているた

9章 有機電子光機能材料

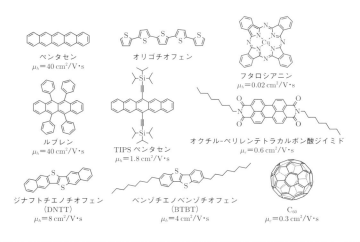

図9・2 低分子有機半導体材料の分子構造の例と電子 (μ_e) および正孔 (μ_h) の移動度

め,分子間の電子軌道の重なりが小さい.その結果,エネルギーバンドを形成することはほとんどなく,分子間の伝導は電子のホッピングに基づいている.したがって,高い導電率を得るためには,各分子のLUMO,HOMOなどの電子軌道の重なりを増やすように個々の分子をパッキングすることが重要である.

〔3〕有機光導電材料

有機分子で初めて電子材料として応用されたものが,**有機光導電体**(Organic Photoconductor: OPC)であり,電子写真法(Xerography)を活用した電子複写機やレーザプリンタに応用されている.

図9・3(a)に電子写真法の例としてレーザプリンタの原理図を示す.まず,①感光体表面上を負極に帯電させる.感光体は光が当たっていない暗状態で絶縁体である.次に,②帯電した感光体表面にレーザ光を照射して露光する.光が照射された感光体表面の電気抵抗が低下し,感光体内を電荷が移動して帯電した表面電荷が中和される.すなわち,感光体表面上の未露光領域は負に帯電しているが,露光領域は電気的に中性なパターン(潜像)が形成される.③電気的に中性な露光部分に,負に帯電したトナーを現像ローラから付着させる.未露光領域は負に帯電しているので,トナー(負に帯電)は付着しない.④感光体から紙面上にトナーを転写する.紙面を正に帯電させ,感光体上のトナー(負電荷)を写し取る.⑤紙

9・2 低分子系有機材料

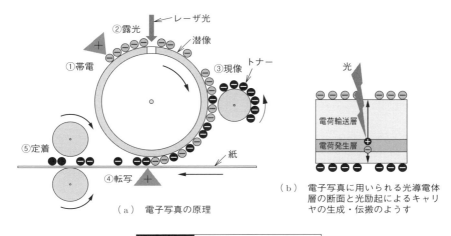

(a) 電子写真の原理

(b) 電子写真に用いられる光導電体層の断面と光励起によるキャリヤの生成・伝搬のようす

図9・3 レーザプリンタの原理図

面上に転写されたトナーを熱プレスすることにより定着させる．最後に，感光体表面上に残ったトナーを回収しクリーニングする．以上の過程で重要なのが感光体材料の働きである．すなわち，暗状態で絶縁体であるが，光照射によって導電性が付与される光伝導性を示す．

電子写真が発明された当時は，セレンなどの無機の光導電材料が使用され，その後，硫化カドミウム，アモルファスシリコン（a-Si）なども用いられたが，現在ではほとんどが有機光導電材料 OPC が用いられている．図9・3（b）に OPC 感光体材料の断面構造を示す．開発当初は単体材料で光導電性を担っていたが，現在では図に示すように，キャリヤの発生機能と輸送機能を分離した二層構造が用いられている．すなわち，光照射により電荷発生層で生成されたホールが，電荷輸送層を伝搬して表面の負電荷を中和する．有機半導体材料の多くがホール輸送性であることからこのような構造が採用されている．

また，キャリヤ発生と輸送の二つの機能を分離することにより，有機材料の特徴である分子設計による材料選択の自由度が高まり，高感度化が実現できている．白色光を用いる電子複写機では，可視光領域全体に感度をもつビスアゾ顔料が用いられ，レーザプリンタでは，半導体レーザの波長に感度のあるフタロシアニン系材料が多く用いられている．また，電荷輸送材料としては，ヒドラゾン系，アリールアミン系，スチルベン系材料が用いられている．いずれの場合も，これら

119

の材料をポリ酢酸ビニル系やポリカーボネート系の樹脂に分散した溶液を塗布して製膜する．感光体に要求される特性としては，感度，加工性，化学的耐久性，耐摩耗性などのほか，高速印刷に耐えうる電荷の高移動度も要求される．

〔4〕**有機光記録用色素材料**

電子機器で実用化されている光記録媒体には，CD (Compact Disc), DVD (Digital Versatile Disc), BD (Blu-ray Disc), MD, MO などがある．中でも，一度だけ情報を記録できる CD-R や DVD-R (recordable) には，機能性色素が使われている．光記録媒体の構造は，光透過性のよいポリカーボネートの基板上に近赤外吸収性色素を溶液状態から塗布し，その上に銀の反射層を蒸着して，さらにその上部を保護層でおおわれている．CD-R の光記録時には，ポリカーボネート側から比較的強い（数～数十 mW）近赤外レーザ光を照射して，色素を熱分解させるとともに，ポリカーボネート基板を熱変形させて，反射率を低減させている．書込み用のレーザ光の波長は，CD-R の場合 780 nm が用いられる（AlGaAs 系）．有機色素としては，シアニン系色素，フタロシアニン系色素，含金属アゾ色素が用いられている．シアニン系色素は，記録感度や溶解度が高い特徴があるが，耐光性がほかの色素に比べると劣ることから，劣化の原因となる活性酸素を不活性化する安定剤と同時に用いる．一方，フタロシアニン系色素，含金属アゾ色素は，いずれも耐光性に優れている．DVD-R の記録方式も CD-R と基本的に同じであるが，記録密度を上げるために波長 660 nm のレーザ光（AlGaInP 系）が用いられており，それに合わせた色素の吸収波長の最適化がなされている．

〔5〕**有機発光材料**

有機材料の発光効率の高さを利用した応用が**色素レーザ**である．色素レーザは，有機色素の溶液を光励起してレーザ発振させるもので，単一の色素でも数十 nm の波長範囲でレーザ発振可能であり，さらに色素を選ぶことによって近紫外域から近赤外域までの広い波長範囲のレーザ光を得ることができる．広い波長範囲で発光が観測されるのは有機分子の特徴であるが，これは前述のように分子の電子状態が電子準位のみならず，分子の振動準位，回転準位からなり，それらの準位が重なって連続バンドを形成しているためである．

近年では，固体レーザでもチタン・サファイアレーザなどのように比較的広い

範囲で発振波長を連続的にチューニングできる波長可変レーザが用いられるが，可視域のすべての波長範囲を比較的容易にカバーできるのは色素レーザの特徴である．広く用いられるレーザ色素として，クマリン系色素（420〜570 nm），ローダミン系色素（560〜700 nm），オキサジン系色素（620〜800 nm）などがある．

〔6〕有機発光ダイオード（OLED）材料

　ルミネセンスは，何らかの方法で高いエネルギー準位に電子を励起させ，その電子が低い準位に遷移するときに発光する現象である．その励起の方法として光を照射するのがフォトルミネセンス，電界を印加するのが**エレクトロルミネセンス（EL）**である．無機物のELは1930年代に遡るが，有機物でも1960年代初めにアントラセンの単結晶に電界を印加してELが観測されている．当時は，10〜20 μm の厚さの単結晶に400 V の電圧を印加している．1987年にTangらは，キノリノールアルミ錯体（Alq$_3$）とジアミン誘導体の薄膜を積層したデバイスを考案し，10 V の低電圧で高輝度の発光を実現した．このデバイスでは，発光材料とキャリヤ輸送材料を分離して，電流注入形の発光ダイオードとなっている．現在では，**図9・4** に示すように，電子・正孔輸送層により発光層を挟んだ構造が基本となっており，さらに，キャリヤバランスを向上させるために，キャリヤブロック層やキャリヤ注入層を導入する場合がある．

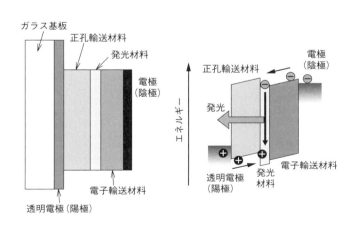

図9・4 有機発光ダイオードの代表的な構造と動作原理

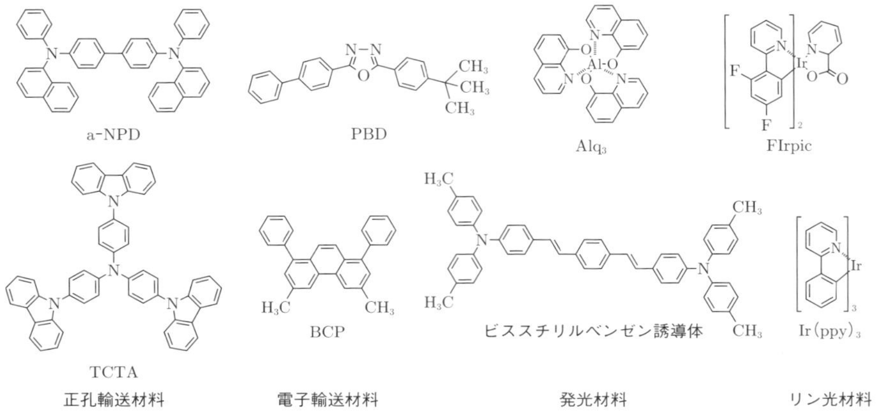

a-NPD　　PBD　　Alq$_3$　　FIrpic

TCTA　　BCP　　ビススチリルベンゼン誘導体　　Ir(ppy)$_3$

正孔輸送材料　　電子輸送材料　　発光材料　　リン光材料

図 9・5 有機発光ダイオードに用いられる正孔輸送材料，電子輸送材料，発光材料およびリン光材料の例

一般に，有機発光ダイオードの発光効率（外部量子効率）η_{ext}，すなわち，一つの電子の電極からの注入によりいくつのフォトンをデバイスの外に取り出すことができるかは

$$\eta_{ext} = \alpha \times \eta_{int} = \alpha \times \Phi \times \beta \times \gamma \tag{9・1}$$

で表すことができる．ここで，η_{int}：内部量子効率，α：光取出し効率，Φ：発光量子収率，β：励起子生成効率，γ：キャリヤ再結合確率である．αはデバイスの構造などにより決定されるが，η_{int}は材料の選択とデバイス構造（主に各材料をどのように積層するか）により決定される．電極から注入された電子と正孔が再結合して励起子ができる場合，一重項励起子と三重項励起子が1：3の割合で生成されるので，βを高くするために三重項励起子の活用が重要である．そのため，イリジウムなどの重金属を分子内に含む有機金属錯体分子からなるリン光材料も活用されている．図 9・5 に，代表的な有機発光ダイオードに用いられる有機色素材料の分子構造を示す．

〔7〕有機光電変換材料

無機半導体の pn 接合素子からなる光電変換素子では，光吸収により形成された電子-正孔対が pn 接合界面の内部電場により解離してキャリヤが生成される．

一方,有機材料でも有機—金属界面で形成されるショットキー接合の内部電界で電荷分離が実現できるが,光吸収により形成された電子–正孔対(励起子)の結合エネルギーが無機材料に比べて小さいため,内部電界などの弱い外場の力では容易に解離せず,励起子状態を保ったまま物質内を拡散し,最終的に再結合してしまう.このことは,有機材料の蛍光発光効率の高さの起源ではあるが,外部電界を印加せずに解離した電子あるいは正孔を外部に取り出す太陽電池素子としては実用できない.そこで,有機材料を用いた太陽電池を実現するためには,光吸収により生成された励起子を解離させるための工夫が必要となる.現在,有機太陽電池として実用化の可能性のあるものとして,色素増感形太陽電池と有機薄膜太陽電池がある.前者では,光吸収が起こる分子に隣接してn形無機半導体を配置して,有機分子内で励起生成された電子を無機半導体に注入するもので,後者は,隣接する分子間のLUMO準位の差により,光吸収分子のLUMOに励起された電子を分子間電荷移動を介して電子受容形分子に引き抜くものである.

〔8〕感熱色素材料

感熱記録方式は,紙面上に塗布された記録層をサーマルヘッドにより加熱することにより黒く変色させることにより情報を記録するものであり,レシート,切符,ファクシミリなど広く使用されている.この熱による黒色化においてロイコ色素が使われる.ロイコ色素は,アルカリ性状態あるいは中性状態においては,ラクトン環が共役系を分断しているために可視域に吸収帯を持たず無色であるが,酸性状態下ではラクトン環が開環し共役系が形成され,可視域全体にわたる吸収を示し黒色化する.この酸性状態は,ロイコ色素とともに存在する顕色剤により形成される.すなわち,ロイコ色素と顕色剤をバインダ材料中に分散し紙面上に塗布する.初期状態では結晶状態にあるが,加熱によりそれぞれの色素が溶融しロイコ色素と顕色剤とが接触する.その結果,顕色剤からプロトンが生成され,それがロイコ色素を黒色化させる.ロイコ色素の分子設計により,黒色以外の発色も可能となる.

ロイコ色素分子中のラクトン環の開環,閉環反応は可逆的である.したがって,ロイコ色素と顕色剤との会合状態を制御することにより,リライタブル記録も可能となる.すなわち,ロイコ色素と顕色剤とを加熱溶融させたのち急冷させることにより溶融状態(発色状態)が保持されるが,徐冷することにより顕色剤が会

合状態を作り，ロイコ色素と顕色剤とが解離し消色する．

9·3 高分子系材料

〔1〕高分子材料

　高分子とは構成原子が共役結合で結ばれた巨大分子であり，多くの場合，一種類あるいは複数の構造単位の繰り返しで構成されており，その構造単位を**単量体**（モノマー）と呼ぶ．高分子には，主鎖に炭素を含む有機高分子と二酸化ケイ素などのように炭素を含まない無機高分子があり，ガラス，鉱石も無機高分子である．また，有機高分子には，たんぱく質，脂質，多糖類などの**天然高分子**（natural polymer）と**合成高分子**（synthetic polymer）とがあり，合成高分子は，実用上の観点から分類すると，合成繊維，合成樹脂（プラスチック），合成ゴムがある．特に，構造材料，電気絶縁材料などとして重要な合成樹脂には，加熱により軟化し再び冷却すると硬化する**熱可塑性樹脂**（thermoplastic resin）と，加熱によっても軟化しない**熱硬化性樹脂**（thermosetting resin）とがある．前者は直鎖状の分子構造をしており，隣り合う直鎖状分子間の相互作用が弱いため，主鎖が相対的な運動の自由度をもつことから曲げなどの変形が起こりやすく，また加熱によりさらに運動性が増すため軟化する．一方，熱硬化性樹脂は，三次元網目状の分子構造をしており主鎖の運動の自由度が少ないために硬く，加熱によりさらに結合点が増えて網目構造が発達することからさらに硬化する．図 9·6 に合成高分子の分子構造の例を示す．

　熱可塑性樹脂には，汎用樹脂として，ポリエレン，ポリプロピレン，ポリ塩化ビニル，ポリスチレン，ポリ酢酸ビニル，ポリメタクリル酸メチル，ABS 樹脂などがある．また，耐熱性や機械的強度に優れたエンジニアリング樹脂（ポリカーボネート，ポリアミド，ポリフッ化ビニリデンなど）や，さらに耐熱性を向上させたスーパーエンジニアリング樹脂（ポリイミド，ポリフェニレンサルファイド，液晶ポリマー，ポリテトラフルオロエチレンなど）がある．熱硬化性樹脂としては，フェノール樹脂，尿素樹脂，メラミン樹脂，エポキシ樹脂，不飽和ポリエステル樹脂などがある．繊維強化プラスチック（FRP）は，不飽和ポリエステル樹脂にガラス繊維を添加して強度を増した複合材料である．

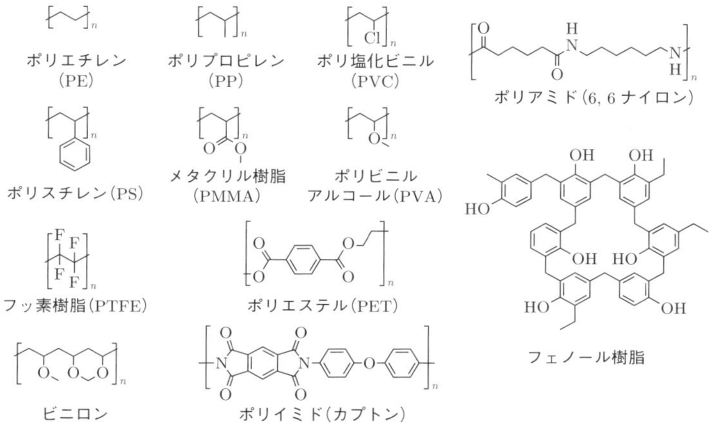

図 9・6 合成高分子材料の分子構造の例

　有機高分子は，一般に，軽く（低比重）しなやかである半面，機械的強度が低く，熱に弱いものが多い．また，絶縁物である．一方，機械的，熱的に優れた性質を示すものを**高性能高分子**，構造体としての機能以外に材料自身が種々の機能を発現するものを**機能性高分子**と呼ぶ．高性能高分子としては，アラミド繊維や超高強度ポリエチレンがある．ナイロンは主鎖中に芳香環を含まない脂肪族ポリアミドで機械的強度は低いが，主鎖にベンゼン環を導入したものはアラミド繊維と呼ばれ，3 GPa 以上の引張強度を示す．また，主鎖に芳香環を含まない高分子でも，分子量（重合度）を大きくして主鎖の方向をそろえることにより機械的強度を大幅に増大させることができる．たとえば，ポリエチレンの引張強度は 10〜30 MPa であるが，100 万以上の分子量のポリエチレンを延伸して主鎖をそろえることにより，比重が 1 以下であるにもかかわらず 3 GPa 以上の引張強度が得られる．一方，耐熱性に関しても，芳香族化合物がイミド結合で連結された芳香族ポリイミドは，−300〜400°C の広範囲で使用可能であり，芳香環のみで連結したポリパラフェニレンベンゾビスオキサゾールでは，650°C 以上の熱分解温度を示す．

　高機能性高分子としては，光学機能材料（高屈折率，無複屈折，低光損失，感光性，発光性，フォトクロミズムなど），電気的機能材料（導電性，イオン伝導性，

圧電性など),吸着・分離機能材料(吸水性,ろ過,イオン交換,逆浸透性,ガス分離,ガスバリアなど),生物医用機能材料(生分解性,生体適合性など)などがある.

〔2〕絶縁性高分子材料

高分子材料は,電気電子材料としては,古くから絶縁材料として使われてきた.中でも電力ケーブルの絶縁層には,ポリエチレンとポリ塩化ビニルが用いられる.ただし,高電圧電力ケーブルでは,耐熱性を向上させるためにポリエチレンの主鎖を架橋した架橋ポリエチレンが用いられている.ポリエチレンが絶縁材料として適しているのは,すべての炭素が sp^3 混成軌道で結合しており,すべての電子が σ 結合のために使われており,禁止帯幅は 8.5 eV と大きいため電気伝導に寄与する伝導電子がほとんどないことである.しかも,双極子モーメントをもたないことから,誘電損失がきわめて小さく,しかも耐湿性の面からも優れている.

〔3〕光感応性樹脂・レジスト材料

半導体微細加工においてフォトレジスト材料は,その加工サイズを左右する重要な高分子材料である.フォトレジスト材料は大別すると2種類ある.光照射によって,現像時に光照射部が除去されるものをポジ形材料,光照射部が現像の際に残るものをネガ形材料と呼ぶ.

フォトレジストの解像度を大きく支配する要因は,露光に用いる光源の波長である.すなわち,より微細な構造を形成するためには,短波長化が必要である.最初に半導体微細加工に用いられたのは,高圧水銀ランプからの g 線 (436 nm) であったが,次に i 線 (365 nm) が利用され,その後,KrF エキシマレーザ (248 nm),ArF エキシマレーザ (193 nm) が使われ,現在では,超遠紫外 (EUV) (13.6 nm) の利用が検討されている.このような光源の短波長化に対して,レジスト材料で考えなければいけない問題点は,母材樹脂による吸収を抑えることである.すなわち,レジスト材料は高分子ネットワークを構成する母材樹脂と光照射により反応を誘発する重合開始剤から構成されている.その際,露光時に光がレジスト膜内部まで侵入し,膜全体の重合開始剤において光反応を起こす必要がある.この時,母材の光吸収が大きいと光は膜内部に侵入できない.高圧水銀ランプ (g 線 (436 nm),i 線 (365 nm)) に対してはノボラック樹脂が用いられたが,KrF (248 nm) ではポ

リヒドロキシスチレン（PHS）をベース樹脂とした化学増幅形フォトレジストへ移って行った．さらに，ArF（193 nm）となると，ベンゼン環の吸収を避ける必要があり，アダマンタンなどの二重結合を含まない母材が使われるようになった．

〔4〕導電性高分子材料

分子主鎖内にπ電子共役系の発達した高分子は，動きやすいπ電子を多量にもつことから，ポリエチレンのように主鎖が飽和結合のみからなる高分子に比べて，高い導電率を示すことから**導電性高分子**（conducting polymer）と呼ばれる．「導電性」と呼ばれるが無ドープ状態では絶縁体であり，ドーピングにより絶縁体−金属転移を示す．また，HOMO準位とLUMO準位との差が小さいことから，半導体とみなされている．図9·7に代表的な導電性高分子の分子構造を示す．いずれも，主鎖に一重結合と二重結合が交互につながった共役系が発達している．

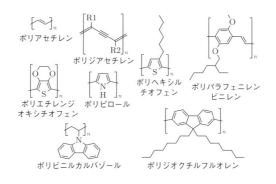

図9·7　導電性高分子材料の分子構造の例

導電性高分子が早い段階から広く応用されたものにコンデンサがある．コンデンサは，比較的低容量のセラミックコンデンサやフィルムコンデンサなどの非電解質形のものと，容量の大きな電解コンデンサに大別される．前者は無極性であり，後者は極性をもつ．電解コンデンサは，電極の種類で分類するとアルミコンデンサとタンタルコンデンサが広く用いられている．電解コンデンサは，図9·8（a）のように陽極電極金属表面に酸化被膜を形成して誘電体とし，電解質を介して陰極電極を張り合わせたものである．酸化被膜は非常に薄い絶縁膜が形成できるこ

9章　有機電子光機能材料

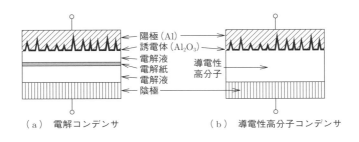

（a）電解コンデンサ　　　　　（b）導電性高分子コンデンサ

図 9・8　電解液を用いた従来型のアルミ電解コンデンサと導電性高分子アルミ電解コンデンサの構造

とから大容量化が可能となる．陽極に用いる金属としてアルミニウムとタンタルが用いられ，前者は酸化アルミニウム（Al_2O_3），後者は酸化タンタル（Ta_2O_3）を誘電体として用いている．電解質としては，古くから液体の電解液が用いられてきたが，安定性や周波数特性などにおいて問題があった．そこで，図 9・8（b）に示すように電解質として導電性高分子を用いたアルミコンデンサが実用されている．導電性を用いることにより，その高い導電率により等価直列抵抗（ESR）を下げることが可能となる．その結果，高周波数領域でインピーダンスを下げることができ，優れた周波数特性を得ることができる．計算機の CPU の電圧変動補償，高周波ノイズ吸収のためのデカップリングコンデンサや平滑コンデンサとして利用されている．

一方，導電性高分子は，高い蛍光量子収率と比較的大きなキャリヤ移動度を有することから，有機発光ダイオード（OLED）に応用できる．初めて電流注入発光が確認されたものは単層構造の素子であったが，実用デバイスとしては，低分子材料と同様に機能分担させた多層積層構造が用いられる．また，高分子材料の優れた成膜性を生かして，印刷法，特にインクジェットプリント法などを用いたデバイスプロセスを用いることができる．

10・1 節〔3〕で述べるように，溶液状態からの成膜性に優れた導電性高分子は，有機薄膜太陽電池にも応用できる．特に，図 10・5 に示すように p 形材料として使われている．太陽電池のエネルギー変換効率を増大させるためには，短絡光電流，開放電圧，フィルファクタを大きくする必要があるが，材料面では HOMO 準位，LUMO 準位の最適化が重要である．すなわち，幅広い波長領域で光を吸収し光電

流を増やすために，HOMO–LUMO 準位差の小さな材料が望まれる．その目的で分子構造内に電子吸引性，電子供与性の構造が導入されている．一方，p 形材料の HOMO–LUMO 準位差を小さくするために HOMO 準位を浅くすると，開放電圧を決める p 形材料の HOMO 準位と n 形材料の LUMO 準位との差も小さくなり，開放電圧が減少する．さらに，p 形材料の LUMO 準位を深くすると，電荷分離効率に関係する p 形材料と n 形材料の LUMO 準位の差が小さくなる．このようなトレードオフの関係にある電子準位の要因を最適化するような分子設計が重要となってくる．

9·4 液晶材料

〔1〕液晶とは

　液体と固体の中間の状態を**液晶相**と呼び，液体の流動性と固体（結晶）の異方性とを同時に兼ね備えた状態である．ある条件下で液晶相を呈する材料を**液晶**といい，液晶相が，物質をある温度範囲においたときに発現する場合と，物質を溶媒に溶かしてある濃度範囲にしたときに発現する場合とがある．前者を**サーモトロピック**（thermotropic）**液晶**，後者を**リオトロピック**（lyotropic）**液晶**と呼ぶ．ディスプレイなどに用いられる液晶は，サーモトロピック液晶であり，通常，$-20 \sim 100 °C$ の温度範囲で液晶状態を示す．

　液晶状態が発現するためには，特徴的な分子構造を取る場合が多い．すなわち，図 9·9 に示すように，比較的剛直なコア構造とその周囲に柔軟な側鎖が置換した構造で液晶相が発現する．分子の形状としては，コアの一端あるいは両端に側鎖の付いた棒状分子と，平板状のコアの周囲に側鎖がついた板状分子に大別することができ，前者を**カラミティック**（calamitic）**液晶**，後者を**ディスコティック**（discotic）**液晶**と呼ぶ．さらに，この棒状あるいは円盤状分子の並び方によっても分類できる．すなわち，分子の重心の位置はランダムであるが方向のみ揃えているものを**ネマチック**（nematic）**相**，分子の方位とともに重心の位置も一次元的あるいは二次元的に秩序をもっているものを**スメクチック**（smectic）**相**という．さらに，分子が対掌性（**キラリティ**）をもつ場合，分子の配向方向がらせん状にねじれる場合があり，ネマチック相の場合**キラルネマチック**（コレス

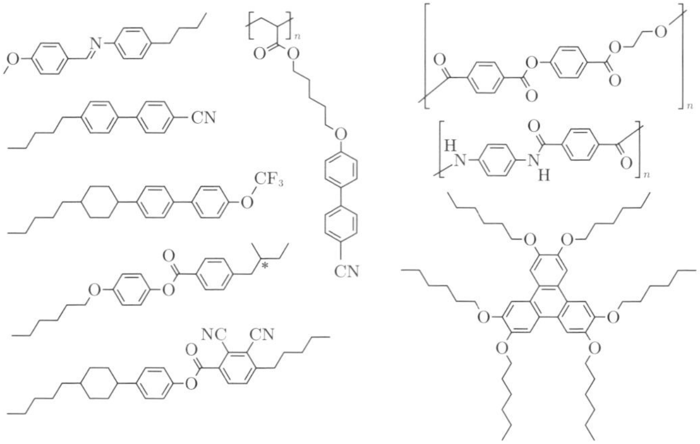

図 9・9 液晶材料の分子構造の例

テリック（cholesteric））相，スメクチック相の場合**キラルスメクチック相**と呼ばれる．特に，キラルネマチック相は温度センサや発色構造体として実用化されておりコレステリック相という通称が広く使われている．一つの物質において，複数の相が発現する場合がある．たとえば，温度の降下に伴って，ネマチック相，スメクチック相のように相転移を起こすことがある．

液晶相は，低分子のみならず高分子においても発現する．メソゲンを連結させたり柔軟な主鎖の側鎖にメソゲンを結合させることによって液晶性が発現する場合がある．このような液晶相を示す高分子材料を**高分子液晶**と呼ぶ．高分子液晶は，古くから構造材料として実用化されてきた．たとえば，芳香族ポリアミド系樹脂であるポリパラフェニレン・テレフタルアミド（poly-paraphenylene terephthalamide）は，濃硫酸溶液が液晶相を示し（リオトロピック液晶），その状態において射出することにより分子が高配向した繊維を作ることができる．高配向した繊維は，分子間の水素結合などにより同重量の金属の数倍の引張強度を示す．そのほか，芳香族ポリエステル系樹脂では，サーモトロピック液晶性を示し，分子高配向樹脂が実用化されている．

〔2〕**液晶の異方性と応用**

液晶は種々の異方性を示す．特に実用上重要な異方性は誘電異方性と光学異方

性である．**誘電異方性**とは，分子の平均的な配向方向に対する印加電界の方向によって誘電率が異なるもので，分子配向方向に平行および垂直方向の比誘電率をそれぞれ $\varepsilon_{//}$，$\varepsilon_\perp$ としたとき $\Delta\varepsilon = \varepsilon_{//} - \varepsilon_\perp$ と定義される．$\Delta\varepsilon$ は材料材料によって大きさ，符号が異なるが，デバイスの原理・目的にあわせて $\Delta\varepsilon$ を最適化するように分子設計が可能である．中でも $\Delta\varepsilon$ の符号により，電界を印加したときの分子の配向方向が異なり，ねじれネマティック（TN）形および面内スイッチング（IPS）形のディスプレイでは正の $\Delta\varepsilon$ の材料が，垂直配向（VA）形では負の $\Delta\varepsilon$ の材料が用いられる．

演習問題

1 低分子有機材料および高分子有機材料を用途に応じて分類し，おのおのの特徴を述べよ．

2 有機半導体材料における電気伝導機構について説明せよ．

3 有機発光ダイオードの発光効率は式 (9・1) で与えられるが，最後の式に記載された四つの効率についてそれぞれの内容を説明せよ．

4 フォトレジストの解像度を上げるには露光に用いる光源の短波長化であるが，その際のレジスト材料に関する問題点を述べよ．

5 液晶について適切な分類方法により分類し，それぞれの特徴を述べよ．

10章 太陽電池材料

　エネルギー需要の増大と地球温暖化の抑制とを両立させる方法として太陽光発電，すなわち太陽電池がある．本章では，太陽電池の基本的特徴と太陽電池に使用される材料について学ぶ．具体的には，太陽電池の基本原理，種類と材料，結晶・アモルファス・有機材料による太陽電池や色素増感形太陽電池を学習する．

10・1 太陽電池の特徴

　太陽電池，あるいは太陽光発電は，そのためのデバイス作製時には CO_2 の排出があるが，発電時には原理的にまったく CO_2 の排出がなく，地球温暖化防止に確実に寄与できる．太陽電池はバルク形と薄膜形に分類され，種々の材料を用いて作製される．

〔1〕太陽電池の基本原理

　図 10·1 は，pn 接合半導体におけるイオン化したドナーとアクセプタによる空間電荷により形成される電位（拡散電位）V_D に基づく電界により，バンドギャップエネルギー E_g 以上のエネルギーの光の吸収により伝導帯へ励起された電子と価電子帯に生成された正孔が互いに反対方向に移動し（同図 (a)），外部回路に電流が流れるようす（同図 (b)）を模式的に示したものである．デバイス内に空間電荷が存在すると，それによって生じる電界により，光励起された電子と正孔の少なくとも一部は空間電荷領域の両端に溜まるため，外部回路で接続すれば光電流が取り出せる．この現象を利用して太陽光から電気的なエネルギーに変換する発電を行うデバイスは**太陽電池**と呼ばれる．太陽光のスペクトルに対する単接合太陽電池の理論的変換効率は $E_g \approx 1.4\,\mathrm{eV}$ の半導体で最大（約 30%）となることが知られている．このため高効率太陽電池は，E_g が 1.0～1.5 eV 程度の半導体

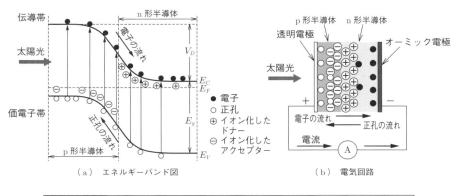

(a) エネルギーバンド図 (b) 電気回路

図 10・1 pn 接合半導体を用いた太陽電池のエネルギーバンド図と電気回路（概念図）

で作製される．具体的には，Si（シリコン系），GaAs（III-V 族化合物系），Cu_2S，CdTe（II-VI 族化合物系），や $CuInSe_2$（カルコパイライト系）などが適切な半導体材料として研究されてきており，なかでも間接遷移形半導体 Si と直接遷移形半導体 GaAs は特筆すべき材料である．

図 10·2 は，典型的な太陽電池であるフォトダイオードの特性を表す．光照射により誘起された電流密度を J_L（≥ 0）とすると，温度 T における理想的な電流-電圧特性は，電流密度を J，電圧を V とおいて

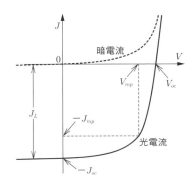

図 10・2 フォトダイオードの暗電流特性および光照射下の特性

$$J = J_0 \left\{ \exp\left(\frac{eV}{k_\mathrm{B}T}\right) - 1 \right\} - J_L \cong J_{sc} \left\{ \exp\left[\frac{e(V - V_{oc})}{k_\mathrm{B}T}\right] - 1 \right\} \quad (10 \cdot 1)$$

と表せる．同図の暗電流特性および光電流特性から，太陽電池の性能を決める短絡電流密度 J_{sc} ($\geqq 0$)，開放電圧 ($\geqq 0$) や最大電力密度 P_max がわかる．得られる電力密度 $P = (-J) \cdot V$ は同図に記した J-V 曲線と J 軸・V 軸とに内接する長方形の面積となるので，太陽電池の性能を表すフィルファクタ FF は，P_max を与える J, V をそれぞれ $-J_{mp}$ (<0), V_{mp} (>0) とおけば，次式で与えられる．

$$FF = \frac{J_{mp}V_{mp}}{J_{sc}V_{oc}} \quad (10 \cdot 2)$$

一般に，V_{oc} は E_g の減少とともに小さくなり，E_g が大きくなりすぎると太陽光スペクトルの利用効率の低下により J_{sc} が低下するため，単接合太陽電池の半導体材料として $E_g \approx 1.4\,\mathrm{eV}$ のものが最も適している．

〔2〕太陽電池の種類と主な材料

バルク太陽電池の主たる半導体材料には，単結晶シリコン (Si)，多結晶 Si，単結晶 InP や GaAs があり，それらの E_g は，$1.12\,\mathrm{eV}$ (Si)，$1.34\,\mathrm{eV}$ (InP)，$1.42\,\mathrm{eV}$ (GaAs)，である．太陽光から電気への変換効率 η は，市販されている大面積太陽電池モジュールでは，Si 系で 13〜18%程度，GaAs 系で 25%程度である．バルク太陽電池の場合には，基板の厚さを太陽光が侵入する程度には薄くできないため半導体材料の必要量が多くなってしまう．一方，薄膜太陽電池は，多結晶 Si，アモルファス (a-)Si ($E_g \approx 1.7\,\mathrm{eV}$)，微結晶 ($\mu c$-)Si，$\mathrm{CuIn}_x\mathrm{Ga}_{1-x}\mathrm{Se}_2$ ($E_g \approx 1.04 \sim 1.68\,\mathrm{eV}$)，CdTe ($E_g \approx 1.47\,\mathrm{eV}$) などで作製される．単結晶太陽電池に比べ，低温プロセスで作製され（製造に要するエネルギーが少なく），安価な基板が使用でき，半導体材料の厚さを十分薄くすることができるため，生産性は高い．しかし η は単結晶材料を用いる場合に比べて低い．また，近年特に注目されている Si 系のものとして，a-Si と μc-Si とのタンデム構造により η を向上させた薄膜太陽電池がある．また，今後の実用化が期待される太陽電池材料として，色素増感用の色素や有機半導体などがある．

〔3〕多層接合による薄膜太陽電池の高変換効率化

原理的には，太陽光を吸収する半導体層を 5 層程度に分けそれらを接合することにより，35%以上の太陽光–電気変換効率が得られることが知られている．太陽光の

入射側から，$E_g \approx 2.2\,\mathrm{eV}$ 程度の a-$\mathrm{Si}_{1-x}\mathrm{O}_x$, a-$\mathrm{Si}_{1-x}\mathrm{C}_x$, a-$\mathrm{Si}_{1-x}\mathrm{N}_x$ や $\mathrm{Ag(InGa)Se_2}$ など，$E_g \approx 1.7\,\mathrm{eV}$ 程度の a-Si や SiGe クラスレート（包接化合物）など，$E_g \approx 1.4\,\mathrm{eV}$ 程度の a-SiGe，Si 量子ドット，CdTe や $\mathrm{Cu(InGa)Se_2}$ など，$E_g \approx 1.1\,\mathrm{eV}$ 程度の μc-Si や $\mathrm{Cu(InGa)Se_2}$ など，および，$E_g \approx 0.6\,\mathrm{eV}$ 程度の μc-SiGe, Ge や $\mathrm{CuInTe_2}$ などが 5 層各層の材料候補としてあげられる．

Si を主材料とする太陽電池の高効率化を実現するには，E_g を 1.1 eV から増大させた状態の Si 層を複数積層する必要がある．ところが，量子構造にすれば閉じ込め効果により Si をワイドギャップ化できるため，直径が少なくとも 10 nm 以下の Si 量子ドットを周期的に配列し，より大きな E_g を有する障壁材料（$\mathrm{SiO_2}$, $\mathrm{Si_3N_4}$ や SiC など）で埋め込んだ Si 量子ドット超格子構造層を作製し，より径の小さい量子ドット層が入射光側になるように複数層を積層できるプロセス技術の開発が求められている．

〔4〕太陽電池用透明導電膜

太陽電池用の TCO（Transparent Conducting Oxide）材料として必要な特性は，① $10^3 \sim 10^4\,\mathrm{S/cm}$ 程度の高い電気伝導率，② 太陽光の長波長成分を有効利用できる長波長領域の高い透過率，③ 光閉込めに寄与する適切な凹凸構造などがあげられる．Si 系薄膜太陽電池の TCO 材料は，$\mathrm{SnO_2}$，ZnO や ITO（Indium Tin Oxide）である．

10・2 結晶材料（シリコン系，化合物系）

太陽電池に使用される半導体材料は，高効率化に直結する光励起キャリヤの超寿命化にはその高品質化が不可欠で，そのためには単結晶材料が望まれるが，製造コストを格段に抑制するため，多結晶材料も太陽電池材料としてよく用いられる．

〔1〕シリコン系

高濃度ドープ単結晶基板を用いた融点近傍の高温下での液相エピタキシャル成長により，厚さ 100 μm 程度の p 形 Si 層を形成し，$\eta = 15.6\%$ のものが市販初期に得られている．また，ZMR 法による下地 p-Si 層の形成後，熱 CVD 法で Si 層

をエピ成長させ，16.4%の変換効率が得られているがこの場合も高温プロセスが必要である．現在では，素子構造のさまざまな工夫により，結晶 Si を用いた太陽電池の変換効率は，25%程度に向上している．実用的な見地からは，太陽電池の生産コストを下げる必要があるため，変換効率は低下するものの高温プロセスを経ないでも形成できる多結晶薄膜 Si がしばしば使用される．

〔2〕化合物系

太陽電池の理論的な η が 25%以上となる半導体は，化合物半導体が多い．現状では最も変換効率の高い太陽電池が化合物半導体を用いて作製されている．III–V族半導体で構成される積層太陽電池は高効率となっているが高コストであるという問題がある．しかし図 10·3 に示すように，多重積層構造からなる 3 接合形 $In_{0.49}Ga_{0.51}P/In_{0.01}Ga_{0.99}As/Ge$ の場合は，$\eta = 35.8\%$ にも達するものが作製されている．一方，II 族–VI 族間の化合物であるテルル化カドミウム（CdTe）多結晶薄膜太陽電池は，Cd が有害物質であるためわが国では販売されていないが，欧米では低作製コストでの高変換効率の太陽電池として実用化されている．CdTe は直接遷移形のイオン性の強い結合を有しており，多結晶においても少数キャリヤの拡散長が長く，$E_g \approx 1.5\,\text{eV}$ であり太陽電池として最適な E_g を有しているため，単接合太陽電池の理論的な変換効率は 28%と見積もられる．電子親和力が大きく，$E_g \approx 2.4\,\text{eV}$ の CdS は，CdS/CdTe 界面で光励起キャリヤ（電子）に対し

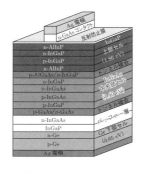

（a）3 接合形 $In_{0.49}Ga_{0.51}P/In_{0.01}Ga_{0.99}As/Ge$

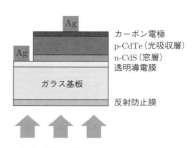

（b）単接合形 CdTe

図 10・3 化合物半導体を用いた太陽電池の代表的素子構造（概念図）

て電位障壁が生じないため，CdTe との格子不整合が約 10% もあるにもかかわらず，CdTe 太陽電池の窓材として用いられる．小面積太陽電池の場合は，0.845 V の開放電圧で 16.7% の変換効率が報告されているが，太陽電池モジュールとした場合の変換効率は 11% 程度に低下する．なお，現時点では低価格で作製されているが，Cd の有毒性以外に，Te は希少元素であることも注意を要する．

10・3 アモルファス材料および微結晶材料

〔1〕アモルファス太陽電池

アモルファスシリコン (a-Si) 系太陽電池は作製後数か月の光劣化現象による変換効率の低下後安定化することが知られており，安定化後の生産レベルの太陽電池の変換効率は 6～8% である．このような現象は a-Si の構造にその原因がある．

結晶 Si は 4 配位の共有結合であるため構造柔軟性に欠けるため，Si をアモルファス状態にすると，未結合（ダングリングボンド）密度が 10^{19} cm^{-3} 程度存在する．しかし水素を適切に混入した状態（a-Si:H と記す）では，Si–H 結合が適切に形成されるため，① Si の未結合密度が 10^{15}〜10^{16} cm^{-3} 程度に低減される，② 可視光領域における光吸収係数が高い（$\approx 10^5$ cm^{-1}@2 eV），③ アンドープ試料は高抵抗である，④ 含有水素量が増えるにつれ，光学的エネルギーギャップ E_g^p は ≈ 1.6 eV から ≈ 1.9 eV に増加する，⑤ 構造柔軟性が大幅に改善される，などの特徴がある．上記の特徴②，③により，a-Si:H は薄膜太陽電池に応用できる．

具体的な a-Si:H の作製には，プラズマ CVD 法が多く用いられている．光 CVD 法によっても SiH$_4$ や Si$_2$H$_6$ ガスを用いて a-Si 膜が作製され，より広い E_g^p をもつ a-SiC も形成されている．結晶 Si の場合と同様に，a-Si についても n 形や p 形試料を作製できる．典型的な作製方法では，SiH$_4$ ガスに PH$_3$ ガス（n 形）や B$_2$H$_6$ ガス（p 形）を微量（1〜10^4 ppm）混入する．他方，a-Si:H では光照射を続けると生じる，電気伝導度（暗状態）や光伝導度が小さくなる**光劣化現象**（Staebler-Wronski 効果とも呼ばれる）がある．この現象では，光照射により局在準位が新たに形成され，光励起されたキャリヤの寿命の減少がもたらされる．ホウ素ドープによっても a-Si:H の光電特性は劣化する．

〔2〕微結晶シリコン太陽電池

単結晶を用いない薄膜太陽電池の変換効率を向上させるには，薄膜の高品質化が不可欠であるため，a-Si 相と多結晶 Si を含む微結晶 Si（μc-Si）が用いられている．エネルギーギャップは単結晶 Si とほぼ同一であるが，a-Si 相による光吸収があるため，μc-Si の吸収係数は単結晶では間接遷移となる可視光の波長領域では大きくなるが，a-Si よりは小さいため，μc-Si では a-Si に比べ 10 倍程度の膜厚が必要となる．

10·4 有機薄膜太陽電池

有機分子は，一般に光の吸収係数が大きく厚さ $1\,\mu\mathrm{m}$ 以下の薄膜においても光を十分に吸収することができる．その有機物の性質を活用したものが有機薄膜太陽電池であり，π 共役分子・高分子をベース材料としており，印刷法などの非真空ウェットプロセスを用いたロール・トゥ・ロールによる生産が可能で，加えて，軽量・フレキシブルで任意形状に加工可能な特長を生かして，建物の屋根に設置する従来の太陽電池モジュールとは異なった応用が可能である．

Si などの無機半導体太陽電池においては，pn 接合界面の拡散電位に基づく内蔵電界により光吸収で生成された電子と正孔は解離され，それぞれ p 領域，n 領域に運ばれる．しかしながら，有機材料は，光吸収により形成された電子-正孔対（励起子）の結合エネルギーが大きく，内部電界などの弱い外場では解離せず，励起子状態を保ったまま物質内を拡散し，最終的に再結合するため，外部電界を印加せずに電子，正孔を外部回路に取り出す太陽電池としては機能しない．そこで，有機材料太陽電池では，励起子を解離させるため，隣接する分子間の LUMO 準位の差による分子間電荷移動を介して電子受容形分子に引き抜くものである．

図 10·4 にその原理を簡単に示す．基本的な構造は，p 形材料と n 形材料とからなる．ここで，p 形，n 形という言葉は，無機半導体で用いられる表現とは異なり，それぞれ，相対的に電子供与性の分子（p 形）と電子受容性の分子（n 形）からなる材料という意味で用いる．基本的に，p 形か n 形かは，それぞれを構成する分子の LUMO 準位，HOMO 準位の相対的な位置関係で決まる．図 10·5 に，代表的な p 形材料と n 形材料の分子構造を示す．

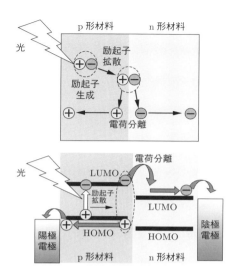

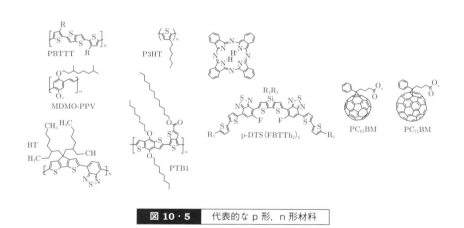

図 10・4　有機薄膜太陽電池の動作原理

図 10・5　代表的な p 形, n 形材料

　たとえば、光照射により p 形材料中で励起子が生成された場合、その励起子はそのままでは解離せず p 形材料内を拡散する。励起子が再結合する前（励起子寿命内）に、p 形/n 形界面に到達すると、LUMO 準位の違いにより電子のみが p 形分子から n 形分子へ移る。その結果、p 形分子上には正孔のみが取り残される。p 形分子上に残った正孔が、再結合することなく p 形分子内を拡散して電極に到達

することができれば電流が流れることになる．

この2種類の分子からなる太陽電池のエネルギー変換効率を高めるために，n形/p形界面の構造が重要である．すなわち，有機材料の励起子拡散長は一般に10～数十nm程度と短いため，p形/p形界面のごく近傍（数十nm以内）で生成された励起子のみが界面に到達し解離されてキャリヤが生成される．したがって，図10·6 (a) の積層構造では，素子内のごくわずかな領域で吸収されたフォトンのみがキャリヤ生成に寄与する．一方，同図 (c) のようにp形領域とn形領域が入り組んだ構造（バルクヘテロ構造）の場合，素子全体に界面が分布しているためキャリヤの生成が効率的に行われる．しかしながら，有機材料は移動度が無機材料に比べて小さいため，キャリヤパスが複雑なバルクヘテロ構造 (c) では，生成されたキャリヤの取出し効率が低くなり，積層構造 (a) がキャリヤ輸送効率の点で好ましい．したがって，キャリヤ生成効率とキャリヤ輸送効率を両立させるために，励起子拡散長程度の幅でp形分子とn形分子とが相互に入り組んだ相互浸透構造 (b) が好ましい．

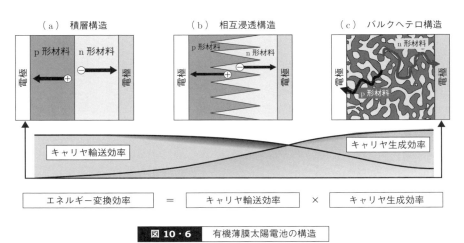

図 10·6　有機薄膜太陽電池の構造

10·5 色素増感形太陽電池

色素増感形太陽電池（dye sensitized solar cell, DSC）は光–電力変換技術の一つとして注目されている．色素増感形太陽電池はスイスのグレッツェル（M. Grätzel）

の研究グループが1991年にDSCの**光電変換効率** η（photoelectric conversion efficiency）約7％を達成してから，研究が急速に進み，最近のηの最大値は約12.3％である．しかし，理論的に予測されたηの値である約30％を大きく下回っている状態である．現在，最もよく使用されている太陽電池は，ケイ素（**シリコン**，Si）を主材料とするいわゆるSi形太陽電池であり，実用化されている**単結晶**（single crystal）を使用しているものの最大のηはDSCよりも約2倍高く，**アモルファス**（amorphous）を使用しているものはDSCとほぼ同じである．このようなSi形太陽電池がすでに存在するのに，なぜ，色素増感形太陽電池が注目されているのだろうか．それは，前述のように理論的に予測されたηが約30％であるからである．しかし，現在のところ，ηは理論予測値の40％程度であり，なかなかηを高くできない．その原因は，その発電機構にある．

DSCは，植物が行っている**光合成**（photosynthesis）においてクロロフィルが光を吸収し，そのエネルギーを受け取った電子が放出される機構と同様の**自然模倣形**（biomimetic type）の発電機構で動作する．発電機構の模式図を図10・7に示す．**酸化・還元**（レドックス（redox））反応が基本メカニズムである．可視光を吸収することができる**色素分子**（dye molecule）が光を吸収すると，電子が色素から飛び出してそれが**二酸化チタン**（TiO_2）などで作製された薄い半導体膜（薄膜）に移り（注入され），電力を消費する**負荷**（load）を通して対極に移動する．負荷を接続しないときは，電極間に**起電力**（electro motive force）に対応する電圧が発生している．

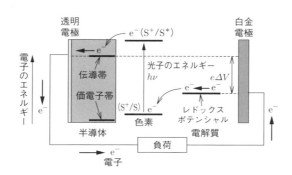

図10・7 色素増感形太陽電池の発電機構

シリコン形太陽電池は原料の Si 化合物を溶融還元して金属のシリコンにする工程などで大量のエネルギーや大規模な設備を必要とし製造コストが高い．一方，DSC は，TiO_2 という比較的安価な酸化物半導体を用いており，また，Si 形太陽電池とは異なり，電極材料中で再結合が起こらないので，超高純度の材料を必要としないという利点がある．しかし，現状では，色素に光を照射することによる**励起**（excitation）により生成される電子が光電極に移る前に再び正孔と再結合すること，液体の電解質溶液が太陽電池から蒸発により失われたりすること，色素が光によって分解されることなどにより，η がなかなか高くならないことや寿命が短いことがあり，現在いろいろな改善の試みがなされている．

次に DSC の発電機構について詳しく説明する．図 10·7 に示すように，2 枚の透明**導電性ガラス基板**（TCO，表面に ITO 薄膜などを堆積したガラス基板）の導電面を対向させて重ね合わせた構造となっている．導電性ガラス基板の導電面に TiO_2 などのナノサイズの粒子を塗布法や電気泳動法などにより堆積させた薄膜に色素を吸着させたものが負極として使用される．TiO_2 は光触媒として働き，色素を酸化させて電子を動きやすくする．また，色素には光照射により電子が励起したときにそのエネルギーが TiO_2 の伝導帯のエネルギー準位よりも高い物質が選ばれる．正極にはガラス基板の表面に触媒である白金などを蒸着したものが用いられ，負極から正極へ流れてきた電子が電解質液に注入されやすくする．両電極間には電解質溶液が満たされている．電解質溶液の構成の一例として，3-Methoxy-propionitrile を溶媒とし，溶質にヨウ化リチウムと I_2，粘性を低くしイオンの拡散をスムーズにする常温溶融塩として DMPII（1-propyl-2,3 dimethylimidazolium iodide），電解液における酸化還元電位を低くし，色素増感形太陽電池の開放電圧を向上させる TBP（4-tert-butylpyridine）を添加したものがある．

図 10·7 に示すように，TiO_2 微粒子などが堆積している TCO 側から太陽光などの光が色素（S）に照射されると，色素は励起されて S^* になり，S^* から TiO_2 の伝導帯に電子が注入され，色素は酸化される．すなわち

$$S + 光 \rightarrow S^* \tag{10·3}$$

$$S^* \rightarrow e^- + S^+ \tag{10·4}$$

である．電子 e^- は TCO から負荷を通り，**対極**（counter electrode）へ流れ，エネルギー準位の差（$e\Delta V$）に対応する起電力が発生する．対極に流れてきた電子

は，式 (10·5) で表される反応式により，電解質溶液内の I_3^- と反応し，I_3^- は I^- になる．すなわち

$$\frac{1}{2}I_3^- + e^- \rightarrow \frac{3}{2}I^- \tag{10·5}$$

である．I^- は次の反応式により色素を元の状態に戻し，I^- 自身は I_3^- に戻る．すなわち

$$S^+ + \frac{3}{2}I^- \rightarrow S + \frac{1}{2}I_3^- \tag{10·6}$$

である．このように式 (10·3) から式 (10·6) に至る循環過程によって，太陽電池として動作する．

DSC に用いられる増感色素には，耐光性に優れ太陽光による劣化が少ないこと，毒性がなく環境負荷の少ないこと，そして太陽電池として大量に供給される場合を想定し，安価で安定な供給ができることなどがある．TiO_2 などの薄膜が構成する光電極（負極）は表面に水酸基（OH）をもち，色素がカルボン酸（RCOOH，R は炭化水素基）をもっていると，カルボン酸と水酸基の化学結合（共有結合あるいはエステル結合）により色素が光電極に固定される．DSC に一般的に用いられるルテニウム（Ru）金属錯体 N719 (*Cis*-di(thiocyanate) bis(2,2'-bipyridy 1-4,4'-dicarboxylate)–ruthenium (II) bis–tetra–butylammonium) の分子構造を図 10·8 に示す．4 個のピリジル基が配位子として結合し，それぞれに電子求引性置換基であるカルボキシル基 COOH がついている．この二つの COOH の間隔は約 1 nm であり，TiO_2 薄膜表面の OH の間隔とほぼ一致し，そのことにより COOH と OH が強く化学結合することで，色素の固定および，電子移動の役割を担っており，ア

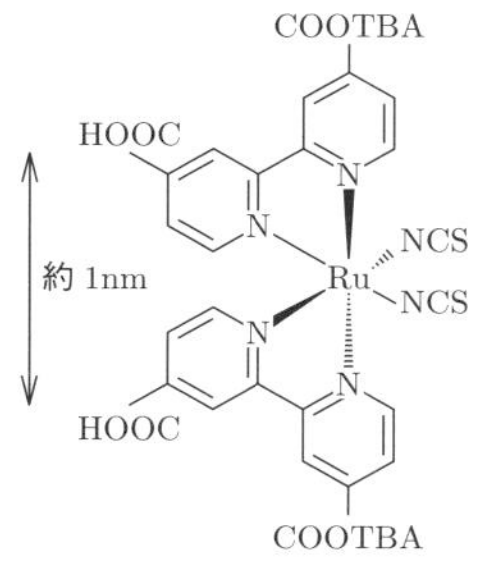

図 10·8　N719 色素の分子構造の模式図

10章 太陽電池材料

ンカー基と呼ばれる．また，TBA（tetra–butylammonium）を2個のカルボキシル基に結合させ発電効率を高めている．しかし，Ruは稀少元素であるため，安定な供給が困難であることも予想され，稀少元素を用いない色素の開発も行われている．また，色素をTiO_2薄膜などの全体に均一に過不足なく吸着させることが重要である．一般的には色素溶液中にTiO_2薄膜を浸漬させ色素を吸着させる方法が用いられている．このような色素は，光が長時間照射される分解反応が進み，ηが徐々に小さくなる．これを防ぐために無機増感剤あるいは半導体量子ドットを用いる研究も行われている．また，電解液は液体であるので，その溶媒成分などが使用中に電池の外部に蒸発により失われるために，ηがやはり徐々に低下する．これを防ぐために，電解液を固体化する研究も行われている．しかし，どちらの方法とも，問題を解決するところまでは至っていないのが現状である．

演習問題

1 単接合半導体太陽電池で，変換効率ηが最大となる半導体のエネルギーギャップが$1.4\,\mathrm{eV}$程度になることを説明せよ．

2 地表面が平面であり，大気密度が地表からの高度のみに依存する場合，太陽光が地表面に対し角度$\theta = 60°$で入射した場合のエアマス（Air Mass, AM）および地表面における1秒当たりの入射エネルギーを求めよ．ただし，AMは太陽光の大気中の通過距離の垂直照射の場合に対する比率を考慮した太陽光スペクトルを表し，AM値と照射強度は，それぞれ大気圏外側でAM0, $\approx 140\,\mathrm{mW/cm^2}$，垂直照射（$\theta = 90°$）の地表面でAM1, $\approx 100\,\mathrm{mW/cm^2}$となり（大気の吸収により28.6%減衰），$\theta = 41.8°$の場合の地表面でAM1.5（日本付近の緯度における地表面での平均的な値），$\approx 83\,\mathrm{mW/cm^2}$であり，地表面のAM値は$1/\sin\theta$で表される．

3 日本列島の地表面における太陽光の平均的照射強度を$83\,\mathrm{mW/cm^2}$，石油から取り出せる1年間のエネルギーを$10^9\,\mathrm{J}$，太陽電池パネルの変換効率ηを10%，1年間の実質的稼働時間を1000時間と仮定するとき，日本列島の総面積を37万$\mathrm{km^2}$として，そのうち約何%を太陽電池パネルの設置に使用する必要があるか．

4 一般的な有機薄膜太陽電池の長所と短所を述べ，変換効率を決める因子につい

て説明せよ．

5 色素増感形太陽電池の長所と短所を述べ，変換効率を決める因子について説明せよ．

11章 光エレクトロニクス材料

　光エレクトロニクスは，発光素子の開発がもたらす表示や照明の分野および電気信号の代わりにレーザ光を用いて情報伝送を行う光通信の分野を中心として，飛躍的な発展を遂げている．本章ではこれらの分野で用いられている材料の物性およびキーデバイスとなる発光素子，受光素子，伝送線路や非線形光学素子の基本原理を中心に学ぶ．なお，液晶に関しては9章，太陽電池に関しては10章で学習する．

11·1 光エレクトロニクスとは

　人類にとって照明は生活に欠くことのできない存在である．古代の化石燃料の燃焼から始まり，電気を光に変換する白熱電球や放電管（蛍光灯やネオン管など）へと形を変えている．また，交通信号機やTV画面などの表示用機器も現代の生活に欠くことができないデバイスである．一方，情報通信の観点では，古代の狼煙（のろし）に始まり，現代では電線・光ファイバや無線を用いた高速・大容量通信が普及している．化合物半導体pn接合を用いた**発光ダイオード**（Light Emitting Diode, LED）の発明は，電気-光エネルギー変換技術の分野において革命的な出来事であった．さらに，LEDはレーザダイオード（Laser Diode, LD）へと進展を遂げ，光ファイバを用いた通信ネットワークおよびCDやDVDディスクのピックアップにおけるキーデバイスとして社会に大きな貢献を果たしている．

　一方，光-電気変換を用いた受光素子は，可視光の検出だけでなく，赤外光（光ファイバ通信，電化製品のリモコン，暗視，人感など）から紫外光（炎の検出など）までの広い波長域でセンサの商品化が行われている．さらに，受光素子を二次元化した撮像素子は，フィルムベースの写真やビデオを小形・電子化した立役者となった．本章では，図11·1で示すような光エレクトロニクス分野におけるこれらの素子の基本原理について，用いられている材料とともに学ぶ．

11・2 基礎物性

図 11・1 光エレクトロニクスの各分野

11・2 基礎物性

図 11・2 は,Si と GaAs のエネルギーバンド構造を電子のエネルギーと波数の関係として模式的に表している.価電子帯上端の波数は Si,GaAs 共に 0 である.しかしながら,伝導帯下端の波数は GaAs では 0 であるのに対して(直接遷移形),

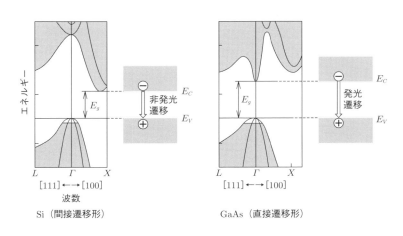

図 11・2 間接遷移形,および直接遷移形半導体での再結合過程

147

Siでは0ではない（間接遷移形）．伝導帯から価電子帯への電子の遷移を考えるとき，Si，SiC，GaPなどの間接遷移形のバンド構造をもつ材料の場合，遷移過程に運動量の変化を伴う．このため発光は起きにくく電子のエネルギーは最終的に格子の熱振動（フォノン）としてはき出される（非発光遷移）．

一方，GaAs，InP，GaNなどの直接遷移形のバンド構造をもつ材料の場合，遷移過程に運動量の変化を伴わないため，フォトン（光）の吸収，放出が起きやすい（発光遷移）．そのため，これらの材料は発光素子用として多用されている．発光を得るには半導体中に少数キャリヤを注入し，電子-正孔対の再結合を起こす必要がある．バンド端遷移の発光波長は

$$\lambda = 1.24/E_g \tag{11・1}$$

の式で算出される．ただし，λの単位はμm，E_gの単位はeVである．

11・3 発光ダイオード

図11・3にLEDの素子構造の概略図を示す．pn接合ダイオードに順方向バイアスを印加し，p形，n形それぞれの領域に少数キャリヤを注入することで，接合界面近傍から式(11・1)に基づくバンド端発光を得ている．図11・4にLEDで用いられる半導体材料と発光波長の関係を示す．LEDの黎明期では，化合物半導体で先駆的にバルク結晶が供給されたGaAs系材料を用いてAlGaAs，AlGaInP赤色発光素子の開発が進められた．その後，発光波長の短波長化が進められた．黄，橙色まではAlGaInP系材料のバンド端発光で実現できた．しかし，緑色の領域に対応するGaAsPではP組成が50%以上でバンド構造が直接遷移形から間接遷移形に変化する．そこで，母材のGaPにNをドープし，Nトラップ準位を介した再結合で比較的高効率の緑色発光を得ている．同様に，家庭電化製品のリモコンなどに用いられている赤外領域では，GaAsにSiを高濃度でドーピングし，価電子帯とSiドナー準位を縮退させ，実効的にE_gを小さくする手法も用いられている．

光の3原色であるRGBのうち，青色発光の実現が長年の課題であった．しかし，近年，高品質GaN結晶の成長がサファイヤやSiC基板上に可能となり，道が開けた[*1]．InGaN青色LEDの出現により，繁華街の交差点に掲げられている

---

*1 2014年に赤﨑勇，天野浩，中村修二がノーベル物理学賞を受賞

11・3 発光ダイオード

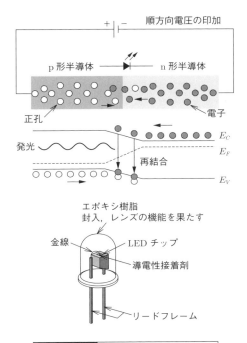

図 11・3 LED の構造と発光原理

発光色	半導体	発光波長〔nm〕	発光遷移	主な用途
青紫	InGaN	405	バンド間	ランプ・表示
青	InGaN	450	バンド間	ランプ・表示
緑	InGaN	520	バンド間	ランプ・表示
	GaP (N 添加)	555	束縛励起子	ランプ・表示
黄・橙	AlGaInP	570〜590	バンド間	ランプ・表示
	InGaN	590	バンド間	ランプ・表示
赤	AlGaInP	630	バンド間	ランプ・表示
	AlGaAs	660	バンド間	ランプ・表示
赤外	GaAs (Si 添加)	980	バンド-不純物レベル	リモコン
	InGaAsP	1 300	バンド間	光通信
	InGaAsP	1 550	バンド間	光通信

図 11・4 LED の材料と発光波長

11章 光エレクトロニクス材料

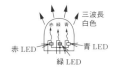
（a） 発光素子を組み合わせる方法

その他，黄 LED と青 LED の組合せで擬似白色を発光できる

（b） 蛍光体を用いた方法

その他，青 LED と赤，緑の YAG 蛍光体の組合せで三波長白色を発光できる

図 11·5　白色 LED のしくみ

大画面フルカラーディスプレイ，薄形長寿命交通信号器などが実現した．さらに，白色光源の実現が可能となった．図 11·5 に示すように，白色素子は，RGB3 色もしくは補色関係にある黄と青の LED の組合せ，蛍光体を LED で励起するいくつかの方法が提案されている．黄色蛍光体と青色 LED の組合せは照明用白色光源として普及し，白熱電球，蛍光灯に比べ，省エネ，長寿命を実現している．

11·4 レーザダイオード

　レーザダイオード（LD）は LED の pn 接合界面にレーザ発振条件を満足する光共振器（キャビティ）を形成したものである．いま，pn 接合に順方向バイアスを印加し，電子と正孔が発光再結合する場合を考える（図 11·6）．一般的にはそれぞれの発光再結合過程は独立しているため，位相のそろっていない波束（またはフォトン）を放出する．この状態を自然放出といい，LED の場合がこれにあたる．一方，E_g に等しい光子エネルギーをもった光が通過した場合，光子と電子の相互作用により，同じエネルギーと同じ位相をもつよう光が放出される（誘導放出）．ただし，この場合，発光と同時に吸収も生じるため，光は増幅されない．レーザ発振を実現するには，高密度の電子–正孔対を発生させる必要がある（反転分布）．このため，pn 接合界面に E_g の小さい材料を介在したダブルヘテロ（DH）構造（タイプ I の量子井戸）を形成し，順方向電流により注入されたキャリヤを閉じ込めている（図 11·6 (a)）．E_g の大きいクラッド層で活性層（発光層）をサンドイッチ状に挟んだ構造をなしている．また，レーザ発振にはキャリヤだけでなく，光も活性層中に閉じ込める必要があるため，界面で光が全反射するよう，活

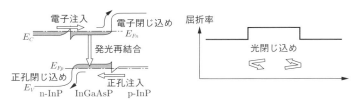

（a） DH 構造のエネルギーバンド図
（順バイアス状態）

（b） DH 構造の屈折率分布

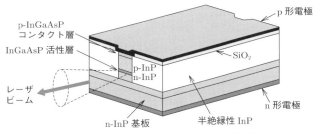

（c） 端面発光形レーザーダイオードの構造例
（埋込みストライプ形）

図 11・6 LD の構造

性層にはクラッド層より屈折率の大きな材料が選ばれている（図 11·6 (b)）．さらに，レーザ発振に不可欠なキャビティを形成するため，半導体結晶が劈開する性質を利用することにより，活性層およびクラッド層に垂直で原子オーダで平坦な端面を形成する．両端面で反射を繰り返しながら E_g と共振器で決まる波長を有する光のみが増幅される．光の増幅が吸収を超えて，端面から位相の揃った光のみが放射され（図 11·6 (c)），電流経路は活性層で狭窄されるように設計されているため，端面からの光はスポット状に放出されるが，スポット径が波長と同程度であるため，回折限界により広がりをもったレーザ光が出射される．

　LD は従来までの固体やガスを用いたレーザ光源に比べ，大幅にコンパクトで扱いやすいため，広く普及している（**表 11·1**）．身近な例では，赤，緑色のレーザポインタ（緑色ビーム：532 nm は非線形光学素子による遠赤外発光：1064 nm の第一高調波）が挙げられる．光通信の分野では，光ファイバ中での分散，損失が極小である波長 1.31, 1.55 μm 帯の InGaAsP/InP 系 LD が長距離通信，波長

11章 光エレクトロニクス材料

表 11・1　LD の構成材料とレーザ発振波長

活性層／クラッド層材料	レーザー波長 [nm]	用　途
InGaAsP/InP	1310, 1550　（赤外）	長距離光通信
InGaAs/AlGaAs	980　（近赤外）	短距離光通信
GaAs/AlGaAs	780　（近赤外）	CD ピックアップ レーザプリンタ
InGaP/InAlGaP	650　（赤色）	DVD ピックアップ レーザポインタ
InGaN/AlGaN	405　（青紫色）	Blu-ray disk

980 nm の InGaAs/AlGaAs 系 LD が短距離通信に用いられている．記録媒体への書込み，読出し用ピックアップ応用では，CD 用の波長 780 nm InGaAs/AlGaAs 系（近赤外），DVD 用の 650 nm InGaP/InAlGaP 系（赤色），Blu-ray disk 用の 405 nm InGaN/AlGaN 系（青紫色）と，短波長化による高密度描画が進められてきた．

11・5　受光素子

受光素子（光-電気変換素子）とは物質に光を照射したとき，電気的特性が変化することを利用して，光を検出するものである．半導体に E_g 以上の光子エネルギーをもつ光を連続的に照射したとき，式 (11・1) に基づき，過剰キャリヤが発生し，導電率が増加する現象（Photoconductivity）を用いたものが**光電素子**である．**フォトセル**と呼ばれるもので，可視光検出には CdS や CdSe，赤外光用には PbS, PbSe が用いられ，二つのオーミック電極を形成したシンプルなデバイス構造をとるため，広く普及している．

pn 接合フォトダイオード（PD：Photodiode）に光を照射した場合には，内蔵電位により空乏層中に電界が発生しているため，太陽電池の場合と同様に，キャリヤがドリフトにより運ばれ，バイアス電圧を印加しなくても短絡電流を流すことができる（**光起電力効果**）．すなわち，PD の電流を測定することにより光を容易に検出できる．図 11.7 に示すように，さらに，pn 接合の界面に真性半導体（i 層）を介在した pin 構造の PD では，逆バイアスを印加することにより高い電界を i 層に印加し，光照射により発生したキャリヤを速い速度で i 層中を通過さ

11・5 受光素子

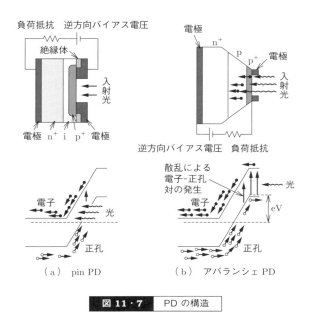

図 11・7 PD の構造

せ,優れた高速光応答を得ることができる.そのため,pin PD は高速光通信において,光ファイバからの光信号受信用素子として用いられている.さらに,印加する逆バイアス電圧を十分高くすると,電界により加速された電子が原子と散乱し,新たな電子-正孔対を次々と発生させるなだれ(**アバランシェ**)増倍現象が発生する.この原理を利用した高感度の PD は,**アバランシェフォトダイオード**(APD)と呼ばれ,微弱な光の検出に用いられている.これらの光電素子,および PD を構成する材料は,可視光を中心とした波長領域では Si が広く用いられているほか,波長と応答速度により使い分けがなされており,紫外域では GaP,AlGaN,可視から赤外域では PbS,Ge,InGaAs,GaAs などが用いられている.

LED と PD,またはベース電極を形成せず光を検出できるフォトトランジスタなどを一つにパッケージに組み込んだものを**フォトカプラ**という(図 11・8).LED の発光により,フォトダイオードなどが通電状態となり,リレーのような働きをする.入出力が電気的に絶縁されており,リレーよりも低電圧で動作し,小形であるという特徴をもつ.

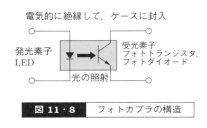

図 11·8　フォトカプラの構造

近年は撮像管に代わる二次元受光素子として，CCD (Charge Couple Device)[*2]，CMOS イメージセンサがファクシミリ，デジタルカメラ，ビデオなどのデジタル家電に欠くことのできない存在となっている．CCD は，Si 基板上に形成した酸化膜上に一次元，または二次元的に電極を近接して並べた，MOS キャパシタが配列した構造を有している．画素に対応する位置に，たとえば PD を配置し，光照射により発生した電荷をキャパシタに転送する．隣接するキャパシタに電荷が移動するよう電極に異なる電圧を印加し，フレーム全体でいっせいに 1 素子分転送する．これを繰り返し，蓄積された電荷は順次取り出される．すべての電荷が取り出されると，次の光照射（露光）が可能となる．

CMOS イメージセンサは CCD と異なり，画素ごとにトランジスタを配置し，アナログ信号である PD からの電荷を読み出した直後にディジタル信号に変換しているため，低ノイズ化を実現している．画素の微細化が進展し，1 000 万画素を超えるカメラ付きスマートフォンや 3 000 万画素を超える高精細デジタルスチルカメラに採用されている．

11·6　光導波路の応用

屈折率の異なる材料を組み合わせ，光を特定の方向に導くことができるようにしたものを**光導波路**と呼ぶ．図 11·9 に光導波路の原理と代表的な構造を示す．光導波路は光が伝搬する**コア**と呼ばれる屈折率の高い部分が，**クラッド**と呼ばれるコアよりも屈折率の低い部分に挟まれる，もしくは囲まれる構造を有している．図 11·9 (a) はスラブ形導波路における光の伝搬を示す．光導波路の端面から光を伝搬角 θ でコアに入射すると，光はコアとクラッド界面でスネルの公式に

[*2]　2009 年ノーベル物理学賞の対象

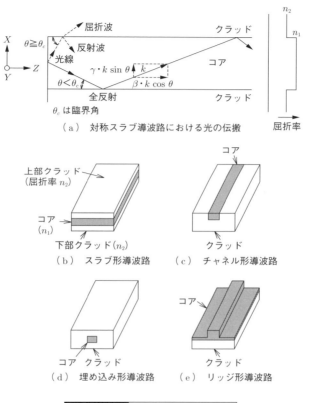

図 11・9 導波路の原理と種類

従い屈折，または全反射する．θ が臨界角より大きい場合，入射光は屈折や吸収のため急激に減衰する．θ が小さい場合，入射光は界面で全反射を繰り返し，コア内に閉じ込められ，導波路による伝搬が実現できる．入射光は伝搬方向（Z 方向）の波と，コアの厚み方向（X 方向）の波に分解される．X 方向では全反射により進行する向きが異なるいくつもの波が存在することになる．合成波が安定するには，コアの厚みで定在波が立つ必要がある．すなわち，X 方向に 1 往復で位相の変化が 2π の整数倍であり，伝搬角は離散的な値を取る．それぞれの伝搬角に対応した伝搬の型を伝搬モードと呼ぶ．コア厚が厚い場合，多くのモードが許される．しかし，コア厚を薄くするに従い，次数の高いモードから許容されなく

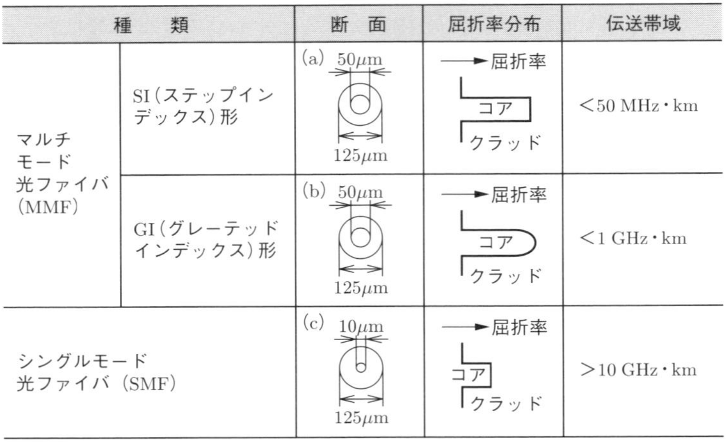

種類		断面	屈折率分布	伝送帯域
マルチモード光ファイバ (MMF)	SI(ステップインデックス)形	(a) 50μm / 125μm	→屈折率 コア クラッド	<50 MHz・km
	GI(グレーデッドインデックス)形	(b) 50μm / 125μm	→屈折率 コア クラッド	<1 GHz・km
シングルモード光ファイバ (SMF)		(c) 10μm / 125μm	→屈折率 コア クラッド	>10 GHz・km

図 11・10 光ファイバの種類

なり，最終的に基本モードのみが許容される．上記の光閉じ込め・伝搬の考えは X-Y 方向に閉じ込めたチャネル形，埋め込み形，およびリッジ形導波路，また円柱形のコアをもつ光ファイバにおいても同様に成り立つ．

図 11・10 に代表的な光ファイバの屈折率分布を示す．(a) はコア/クラッド界面で屈折率を階段状に変えたステップインデックス (Stepped Index, SI) 形光ファイバ，(b) は傾斜状に変えたグレーデッドインデックス (Graded Index, GI) 形光ファイバと呼ばれており，標準的なクラッド径 (125 μm) に対し，コア径が 50～100 μm と大きいため，複数のモード（マルチモード）が伝搬する．それに対して，(c) に示したファイバは SI ファイバのコア径を 10 μm 以下に小さくしたもので，基本モードの伝搬しか許されないため，シングルモード (Single Mode, SM) 光ファイバと呼ばれている．マルチモードファイバではモードにより伝搬時間に差が生じ（モード分散），伝搬するディジタル信号の波形が歪むが，SM ファイバではこの影響がないことから，長距離の光伝送に用いられている．

光ファイバはその材質により主に石英系と，プラスチック系に分けられる（**図 11・11**）．石英ファイバでは，コアおよびクラッド共に高純度石英 (SiO_2) が用いられている．高純度石英に Ge や P を添加することにより屈折率を上げ，また，B や F を添加することにより屈折率を下げることができる．これらの特性を用い

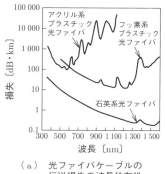
（a） 光ファイバケーブルの伝送損失の波長依存性

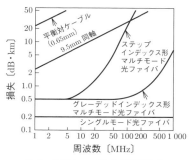
（b） 各種ケーブルの伝送信号周波数依存性

図 11・11 各種ケーブルの損失特性

て，低損失のファイバ構造を形成している．長距離光通信では主に石英ファイバの損失が最小となる波長である 1.55 μm，およびモード分散が最小となる 1.31 μm の LD が光源として用いられている．1.55 μm のレーザ光に対して SM ファイバでは，伝送損失が約 0.2 dB/km と従来までの銅線通信ケーブルによる伝送と比較して格段に低く，また広帯域を有している．陸上および海底光ケーブル通信網に用いられ，現代の情報通信を担っている．プラスチックファイバでは，コア材料に PMMA（ポリメチルメタクリレート），クラッドに屈折率が小さいフッ素系ポリマーが用いられている．柔軟で折れにくい，大口径で接続が容易といった利点があるが，伝送損失が大きいため，家電製品あるいは自動車内での短距離信号伝達の分野において実用化されている．

近年，フォトニック結晶と呼ばれる，人工的に屈折率の異なる物質を，用いる光の波長程度のサイズで周期的に配列する構造が提案されている．フォトニック結晶により，光を微小領域に閉じ込める，低損失で直角に曲げるといった従来では実現不可能であった機能が可能となり，広帯域で分散のない光ファイバや光回路の形成などの応用が期待されている．

物質に強い光を照射すると，入射光の整数倍の周波数成分を含む分極 P が発生する（**非線形光学効果**）．

$$P = \varepsilon_0 \left(\chi_1 E + \chi_2 E^2 + \chi_3 E^3 \cdots \right) \tag{11・2}$$

ここで，ε_0 は誘電率，χ_1 は線形感受率，$\chi_{n \geq 2}$ は非線形感受率である．なお，

二次の非線形効果は結晶性に反転対称性を欠く材料だけに現れ，三次の項はすべての材料に現れる．レーザ光のような強度の高い光を照射した場合，高次の成分が無視できなくなる．二次の成分に着目すると，角周波数 ω_1，ω_2 の2種類の光を入射した場合，和，および差の角周波数 $(\omega_1 + \omega_2, \omega_1 - \omega_2)$ の光が発生する（和・差周波発生）．入射光が1種類の場合 $(\omega_1 = \omega_2)$ は2倍の角周波数をもつ光を発生することができる（光第二高調波発生，SHG: second-harmonic generation）．三次の場合も同様に，異なる三つの角周波数の光を入射すると，それらの和・差周波数をもつ多数の光を得ることができる．この現象を積極的に利用し，入射光と非線形光学材料の組合せにより深紫外からテラヘルツ領域に渡る幅広い波長領域でコヒーレント光を発生することが可能となっている．多くの種類の金属酸化物結晶（LN: $LiNbO_3$, LBO: LiB_3O_5, KTP: $KTiOPO_4$ など）が非線形光学材料として用いられている．典型例をあげると，従来のレーザ構造では高出力が困難であった緑色光が，YAG:Nd または，LD からの赤外光（$\lambda = 1064$ nm）を SHG により波長変換（$\lambda = 532$ nm）することにより得られている．レーザプロジェクタ，ポインタなどの光源として実用化されている．

演習問題

1 発光波長とエネルギーバンドギャップとの関係式：$\lambda = 1.24/E_g$ を導出せよ．

2 LED と LD の違いを説明せよ．

3 波長 780 nm の LD を出力パワー 1 mW で動作させたとき，1 秒当たりに放出されるフォトン数 n を求めよ．

4 Si 結晶の表面に波長 400 nm，または 1 μm の単色光を照射した場合，光の強度が $1/e$ になる深さを求めよ．ただし，波長 400 nm，および 1 μm での吸収係数をそれぞれ 10^5，および 10^2 cm^{-1} とする．

5 光ファイバの損失が 0.2 dB/km のとき，伝送光のパワーが 1/1000 に減衰する距離を求めよ．

12章 ワイドバンドギャップ半導体材料

近年,パワーエレクトロニクスの分野で,3 eV以上の大きなエネルギーバンドギャップ(E_g)をもつワイドバンドギャップ半導体を用いることにより Si デバイスの限界を超える特性が報告され,実用化の段階に到達してきた.本章では,代表的な材料である GaN,SiC,ダイヤモンドおよび酸化物半導体を中心として,材料の特徴からデバイス応用までの分野を幅広く学ぶ.

12·1 ワイドバンドギャップ半導体材料の特徴

パワーエレクトロニクスとは電力の変換,制御を電子回路やデバイスで,高速に効率よく行うことである.現在,この分野のデバイスには主に Si 材料が用いられているが,ワイドバンドギャップ半導体材料の特徴を活かしてシステムレベルでの省エネルギー化が実現されようとしている.本節では Si,GaAs,InP といった従来材料とワイドバンドギャップ半導体材料を比較する.

5章,図5·1の半導体材料を構成する元素の周期律表を振り返ると,GaN,AlN,SiC,ZnO およびダイヤモンドなどのワイドバンドギャップ半導体材料は第2周期の軽元素を含んで窒化物,炭化物あるいは酸化物を形成している.軽元素は原子半径が小さく,強い結合エネルギーをもつ.その結果,格子定数が小さく,E_gが大きく,融点の高い結晶を構成する.

表12·1に典型的な半導体材料の物性定数を示す.ワイドバンドギャップ半導体がもつ特徴的な物性が電子デバイス応用にどのように活かされるかを以下に説明する.

大きなE_gはデバイスの高温動作を可能にする.図12·1は各種半導体材料の真性キャリヤ濃度の温度依存性をプロットしたものである.**真性キャリヤ**とは熱エネルギーにより価電子帯の電子が伝導体に励起されることにより発生するキャリヤである.室温ではこの濃度は十分に低い.半導体の導電性制御はドナー,ま

12章 ワイドバンドギャップ半導体材料

表 12・1 各種半導体の物性定数

	Si	GaAs	4H-SiC	GaN	ZnO	β-Ga$_2$O$_3$	ダイヤモンド
バンドギャップ [eV]	1.11	1.43	3.26	3.39	3.4	4.9	5.47
エネルギーバンド構造	間接遷移	直接遷移	間接遷移	直接遷移	直接遷移		間接遷移
電子移動度 [cm^2·V^{-1}·s^{-1}]	1 400	8 000	1 000	1 200 (bulk) 2 000 (2DEG)	300	300	4 500*
正孔移動度 [cm^2·V^{-1}·s^{-1}]	600	400	120	150			3 800*
絶縁破壊電界 [MV·cm^{-1}]	0.3	0.4	2.8	3.0		8	10
熱伝導度 [Wcm^{-1}·K^{-1}]	1.51	0.54	4.9	2.0	0.25	0.14	21
電子飽和速度 [cm·s^{-1}]	1.0×10^7	2.0×10^7	2.2×10^7	2.7×10^7	3.0×10^7		2.7×10^7
比誘電率	11.9	12.9	9.7	9.0	8.7	10	5.7

*アンドープ試料

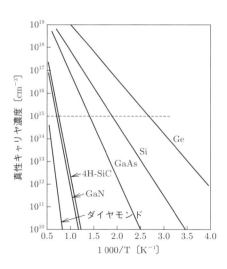

図 12・1 各種半導体の真性キャリヤ濃度の温度依存性

たはアクセプタ形の不純物をドーピングし，キャリヤを増やすことにより行われる．動作温度が上昇するに従い，真性キャリヤ濃度が増加し，不純物のドーピング濃度に近くなるとデバイス動作は正常に行われない．キャリヤ濃度の目安として，$10^{15}\,\mathrm{cm}^{-3}$ を考えると，GaAs で 500°C，GaN で 1000°C 程度の動作限界温度が見積もられる．E_g が大きい物質の方が有利であることは明らかである．パワーデバイス応用では給電電力が大きく，その一部が熱として失われるため，動作限界温度以下に素子を冷却しなければならない．高い動作限界温度は冷却方式を簡素化（たとえば，水冷機構が空冷機構で置き換えられる）できるので，システム全体の小形・省エネ化にとって魅力的である．

続いて，デバイスの高速性に目を向けると，SiC，GaN の電子移動度は Si に及ばないが，AlGaN/GaN ヘテロ構造をとると，移動度は $2\,000\,\mathrm{cm}^2\cdot\mathrm{V}^{-1}\cdot\mathrm{s}^{-1}$ に達する．さらに，電子飽和速度は高く，GaAs をしのぐ高速化が期待できる．電力変換回路においては，動作周波数を高くすると，コイル，トランス，コンデンサなどの受動部品を小さくできるというシステム全体でのメリットを生み出す．

パワーデバイスにおけるもう一つの重要なパラメータは耐圧である．SiC，GaN は Si，GaAs に比べ絶縁破壊耐圧が 1 桁大きい．高い電界が印加できるということは，高周波ハイパワーデバイスにおいては高い電圧の動作，大きな電圧振幅動作による高出力化を可能とし，パワースイッチングデバイスにおいては耐圧とオン抵抗（トランジスタやダイオードが通電状態になったときのデバイスの内部抵抗．通電損失を発生する）のトレードオフの関係を向上させることができる．また，これらの材料は構成元素，ドーパントに As を含まず，環境に優しい半導体であるという特徴をもつ．

図 12·2 に，各半導体材料のデバイス適応範囲を動作周波数とパワーを軸にしてまとめた．Si の材料限界を超える周波数，およびパワー領域でのデバイス開発が期待されている．

12·2 GaN

〔1〕結晶成長技術

GaN は融点が非常に高く，また窒素の平衡蒸気圧が極めて高いため，融液からのバルク結晶の引上げは困難である．GaN の結晶成長法として，MOCVD，分子

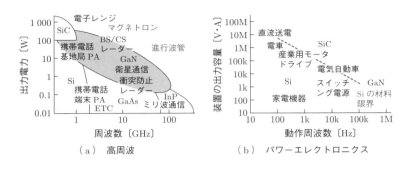

図 12・2 ワイドバンドギャップ半導体デバイスの応用分野

線エピタキシー（MBE），HVPE 法があげられる．この中で MOCVD 法が現在，主流として用いられている．MOCVD 法では成長温度が高く，腐食性の高いアンモニアガスを原料として用いるため，化学的に安定なサファイア，または SiC 基板が一般的に使用されている．異種基板上にエピタキシャル結晶成長（サファイアで 15%，SiC で 3% の格子不整合率）するためバッファ層の工夫が重要である．さらに近年は安価で大口径化が得られる Si 基板上への結晶成長も進捗が著しい．

GaAs，InP などの従来 III-V 化合物半導体の成長時に比べ，GaN の成長温度は約 1 000°C と高い．原料は N 用にアンモニア，Ga 用にトリメチルガリウム，トリエチルガリウムが用いられている．支持基板上に GaN を直接成長すると，大きな格子不整合のため，GaN が島状に形成されてしまう（**図 12・3**）．そこで，400〜

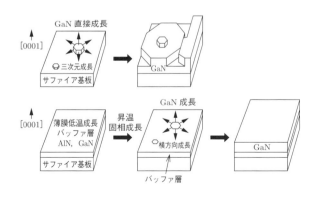

図 12・3 GaN 成長における低温バッファ層の概念

600°C の低温でアモルファス AlN，または GaN 薄層（10〜20 nm）を支持基板上に堆積した後，成長温度まで昇温し，薄膜を結晶化（固相成長）させる（低温堆積緩衝層）．この比較的格子不整合率の小さい膜を成長核として本成長を行う．成長の過程で結晶どうしが合体を繰り返し，大きな単結晶が形成される．

MBE 法では N 原料にアンモニア，窒素ガス，Ga 原料に金属ガリウムが用いられている．成長温度は 800°C 程度である．当初，低温堆積緩衝層表面の極性制御が十分でなく MOCVD に遅れをとったが，最近では GaN テンプレート上に成長した AlGaN/GaN 構造の移動度は MOCVD 法によるものをしのぐ値が報告されている．

HVPE 法は Ga 原料と HCl ガスを反応させ GaCl を生成し，アンモニアと共に基板表面に供給し，1 000°C 程度の高温で分解，成長する手法である．成長速度が数百 μm/h と大きいため，成長した厚膜 GaN を基板から切り離し，ホモエピ成長用フリースタンディングバルク結晶を作製できる．また，近年，バルク GaN 基板は，Na フラックス法，アモノサーマル法でも作製可能となった．通常，サファイア基板を用いて MOCVD 法で成長した GaN 膜には 10^9 cm^{-2} オーダの転位欠陥が含まれているが，これらのバルク結晶では，大幅な転位の低減（$\approx 10^6$ cm^{-2}）が図られている．

〔2〕デバイス構造，プロセス技術

GaN 系電子デバイスではアクセプタ形不純物である Mg のイオン化エネルギーが比較的大きく，高い正孔濃度を得ることが困難であるため，バイポーラトランジスタの研究例は少なく，電界効果トランジスタ（FET）が主流を占める．**図 12・4** に最も典型的なデバイス，AlGaN/GaN HEMT（High Electron Mobility Transistor）の構造を示す．支持基板上に厚さ 2 μm 程度の半絶縁 GaN 層，および厚さ数十 nm の GaN より E_g が大きく格子定数の小さい AlGaN 層（バリア層）を結晶成長し，ヘテロ接合界面を形成する．GaN 結晶はウルツ鉱形構造をとり，C 軸方向 [0001] に Ga 層と N 層が交互に積層している．電気陰性度の違いにより Ga 原子は正，N 原子は負にイオン化するため，誘電分極（自発分極）により内部電界が現れる．AlGaN/GaN 界面における誘電分極の不連続，およびピエゾ分極効果（AlGaN 層の膜ひずみ）により，界面の AlGaN 側には正の電荷が現れ，GaN 側には電子が誘起される（2DEG チャネルの形成）．Al 組成 20% の AlGaN を用いると，ドーピン

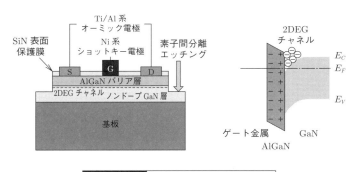

図 12・4 AlGaN/GaN HEMT 構造

グなしでチャネルに 1×10^{13} cm^{-2} 程度の高密度のキャリヤが誘起される．ショットキー形ゲート電極をその上に形成し，HEMT 動作を実現している．このようにヘテロ構造を容易に実現できることが，同じワイドバンドギャップ半導体として注目されている SiC と比較して有利な点である．

ソース，ドレイン用オーミック電極の形成には，仕事関数の低い Ti/Al をベースとした金属材料を堆積した後，赤外線ランプを用いた RTA（Rapid Thermal Annealing）を行う手法が広く用いられている．10^{-6} Ω·cm^2 台の低い固有接触抵抗が実現している．Ti/Al のみでは，Al の表面酸化や，酸・アルカリ溶液（現像液）による溶解が生じるため，Mo などの高融点金属を介在し Au キャップ層を形成する工夫も行われている．

ゲートショットキー電極には ≈ 1 eV 程度の障壁高さを有し，窒化物を形成しにくい Ni，Pt，Pd などの金属が用いられている．特に Ni は密着性も優れており，広く用いられている．また，ゲート直下に SiN，SiO$_2$，AlO$_2$ などの絶縁膜を挟む，MIS（Metal-Insulator-Semiconductor）構造はゲートに正の大きな電圧をかけられるため，進展が著しい．

GaN は室温ではいかなる溶液にも溶けないため，素子間分離にはドライプロセスによるエッチングが用いられている．塩素系ガスを用いた RIE（Reactive Ion Etching），ICP（Inductively Coupled Plasma）が主流であり，$1\,\mu$m/min 程度のエッチングレートを実現している．

〔3〕デバイス特性

エピ基板径が2インチから3インチに大口径化するにつれ，結晶成長技術，デバイスの収率が向上し，2003年にL帯で100Wを超えるパワーアンプ（PA）が報告された（**図 12·5**）．この成果は携帯電話基地局 PA ユニット全体の小形・軽量化を達成し，GaN 電子デバイス初の商品化となった．2008年には気象レーダー，および衛星通信用として X 帯で 200 W，Ku 帯で 100 W の AlGaN/GaN HEMT PA が発表され，GaAs デバイス，および進行波管を置き換えるポテンシャルを実証した．研究段階では，ゲート長 30 nm で遮断周波数 400 GHz の高周波特性が報告されている．電力変換，モータなどの動力駆動で用いられるコンバータ，インバータ回路を構成するパワースイッチングデバイスの分野では，商用電源に対応した耐圧 600 V クラスの FET，ダイオードが実用化の段階に達している．

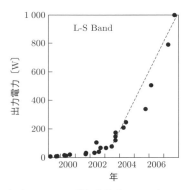

（a）2～3GHz 帯における AlGaN/GaN HEMT の出力電力

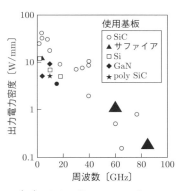

（b）AlGaN/GaN HEMT の出力電力密度の周波数特性

図 12·5 HEMT のパワー特性

12·3 SiC

〔1〕SiC バルク基板，結晶成長

SiC は GaN と異なりバルク結晶が黎明期から供給されている．バルク結晶の切断，研磨，そして CVD による活性層の成長が SiC 基板製造プロセスの大きな流

れである．SiC のバンド構造が間接遷移形であり，GaN に比べ電子の移動度が低いが基板上に厚膜結晶が成長できるため，発光デバイスより高耐圧パワースイッチング電子デバイス応用に向けて研究開発が進められた．

結晶構造に着目すると，六方晶 GaN 構造では，c 軸方向に GaNGaN... の積層をなしている．二つの構成要素で 1 周期を成している六方晶なので 2H と表記される．GaN はイオン結合性が強いため一番単純なこの構造をとる．一方，SiC は共有結合性が強く，積層構造に多様性をもつポリタイプが存在する．**図 12・6** にその代表例を示す．GaN と異なり 6H，4H の六方晶系だけでなく，3C の正方晶系も存在し，その数は 200 以上である．これらのポリタイプ間でバンドギャップをはじめとする物性定数が異なる．生成エンタルピーの差が小さいため，黎明期では結晶成長時にポリタイプの混入が問題となっていた．

SiC は GaN と同様，溶液からの結晶成長が困難である．SiC 種結晶上へ 2 000℃以上の高温で原材料を昇華再結晶させる．**図 12・7** に示すように，黒鉛るつぼに SiC 原料を充填し，種結晶との間に温度勾配を設けている．このため大口径化は困難である（現状，直径 150 mm）．また，成長中にマイクロパイプと呼ばれる，c 軸方向に直径が数 μm の空洞（らせん転位）が発生する．デバイス応用には致命

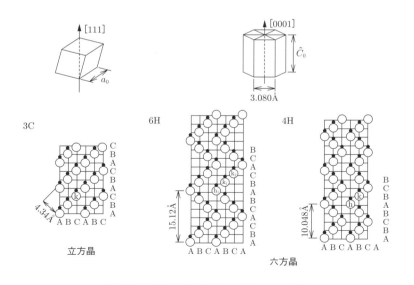

図 12・6　SiC の典型的なポリタイプ

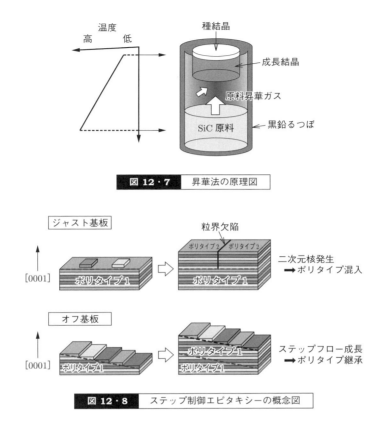

図 12・7 昇華法の原理図

図 12・8 ステップ制御エピタキシーの概念図

的な欠陥であるため低減の努力が続けられ，現在，マイクロパイプ密度が 0 の基板も市販されている．

SiC 単結晶のエピタキシャル成長では，CVD 法が最も用いられている．モノシラン（SiH_4），およびプロパン（C_3H_8）を原料ガスに用いて，1400〜1600°C の成長温度で，≈ 数 μm/h の成長レートが得られている．SiC のエピタキシャル成長では SiC 表面が原子オーダで平らである場合，基板の情報を引き継ぎにくいため，複数のポリタイプの混入を引き起こす．そのため，ステップ密度が高い，表面が数度傾斜している基板を用いて，ポリタイプの均一化を実現している（図 12・8）．

〔2〕プロセス技術，デバイス

SiC は他のバンドギャップ材料に比べ，p，n 両導電性制御が比較的容易である．

n形は窒素，p形は Al, B のドーピングで形成される．高抵抗基板も作製可能である．不純物のドーピングは，SiC 中の不純物の拡散速度が小さいため熱拡散法の使用は困難であり，結晶成長，またはイオン注入で行われる．イオン注入を行った場合，結晶性の回復，および不純物の活性化のため，1000°C 以上の高温アニールが必要である．

絶縁膜形成は Si の場合と同様に，高温の酸素を含む雰囲気中で SiC 表面に酸化膜が形成できる（熱酸化）．しかし，SiC の場合，C が CO あるいは CO_2 となり，酸化膜中に取り残され（$SiC + O_2 \gg SiO_2 + CO + CO_2$），界面準位の増加，酸化膜の信頼性に影響を及ぼすため，改善が行われている．

オーミック電極の形成は，n 形 SiC に対して Ni 電極，または Ti, Ta 系電極，p 形に対して Al/Ti 積層電極, Al-Ti 合金電極を堆積後，≈1000°C の温度でアニールを行う手法がよく用いられている．

ショットキーダイオードの形成はn-SiC に対して Ni, Ti 電極（堆積後のアニールは行わない）が用いられている．

SiC は GaN と異なり pn 接合が容易に形成できるので，Si テクノロジーを踏襲したデバイス構造が提案されている．バルク基板の供給が可能であることを活かした，基板の表裏に高電界をかける縦形デバイス構造が多い．図 12·9 に代表例として pn 接合ダイオードの構造を示す．p^+n^- 接合に逆方向電圧が印加された場合，電圧降下の大部分は n^- 層（ドリフト層）にかかり，接合界面で電界強度が最大となる．所望の逆方向電圧で，最大電界強度が半導体材料の破壊電界強度と等

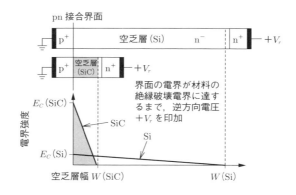

図 12·9　典型的な SiC，および Si pn 接合ダイオードの構造

しくなるよう素子を設計する．電界強度はドーピング濃度を下げ，空乏層幅を広げることにより，低減できる．Si を用いた場合に比べ，SiC ではドリフト層の厚さを低減して，かつキャリヤ濃度を高めることができるため，オン時の内部抵抗を低減できる．これまでにショットキーバリアダイオード，pn 接合ダイオード，バイポーラトランジスタ，JFET，MOSFET，サイリスタ，IGBT の動作が報告されている．研究段階では pin 接合ダイオードの耐圧は 20 kV に到達している．また，量産品として耐圧 1 200 V のショットキーバリアダイオード，MOSFET が市販されている．

図 12·10 は Si，GaN および SiC を用いて作製されたデバイスの耐圧とオン抵抗との関係を示す．Si の材料限界を超える特性が報告されており，GaN，SiC の材料限界に近づいている．

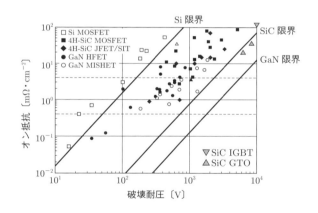

図 12·10 各種パワーデバイスのオン抵抗と破壊耐圧の関係

12·4 ダイヤモンド

表 12·1 に示すように，5.5 eV のバンドギャップエネルギーを有するダイヤモンドは，格子定数が 0.354 nm でシリコンに比べ 1/1.5 程度と小さく結合距離が短いため強い共有結合力を有し，常温近傍の熱伝導率（SiC の約 4 倍，GaN の約 15 倍），絶縁耐性，放射線耐性などから耐環境性に優れた半導体材料である．ホウ

素をドープすればp形半導体に，リンをドープすればn形半導体になるが，その活性化エネルギー（低ドープ濃度領域）は，それぞれ0.37 eV，0.57 eVであり，非常に深いアクセプタ，ドナーを形成する．このため，常温でキャリヤ密度を確保するには高濃度ドープが必要となるが，前者（p形）の場合は，ドープが容易で，10^{22} cm^{-3} オーダまでドープ可能であるのに対し，後者（n形）の場合はドープが困難であり，有効なドープ濃度がようやく10^{20} cm^{-3} オーダまで到達したのが現状である．特にドープホウ素濃度が，金属–絶縁体転移に対応する不純物濃度であるモット濃度（$2 \sim 4 \times 10^{20}$ cm^{-3}）を超えると不純物バンド伝導による金属的な振舞いを示すようになり，極低温では超電導転移（転移温度10 K程度）する．

常温常圧下ではグラファイト相がダイヤモンド相より安定であるので，ダイヤモンドには，通常用いられる半導体デバイス作製プロセスで用いられるイオン注入によるドープ層の形成は，イオン注入により誘起されるグラファイト化を十分抑制できず，多くの場合適用できない．高濃度n$^+$領域の形成ができるようになると，ダイヤモンドパワーデバイスへの応用を目指し，ダイオードや選択成長法を用いた接合形FETが試作され，室温において，前者では微小領域（@50 μmϕ）ながら，整流比10^9（@± 15 V），電流密度1.7×10^4 Acm^{-2}（@35 V）のp$^+$in$^+$ダイオードが，後者では整流比10^8，リーク電流10^{-15} A オーダ，立ち上がり10^2 V/decade程度のものが報告されている．

ダイヤモンドには他のワイドバンドギャップ半導体材料とは異なる，特筆すべき以下の二つの特徴がある．一つ目の性質は，表面を水素原子で終端すると，ドーパントをドープしなくても表面近傍にはバンドの曲がりによりp形表面伝導層が形成されることであり，得られる正孔の面密度は(001)面で1×10^{13} cm^{-2}，(110)や(111)面で2×10^{13} cm^{-2}にも達する．このキャリヤ面密度はシリコンのMOSFETの反転層より高く，AlGaAs/GaNヘテロ界面で生じる二次元電子ガスと同程度であるため，水素終端表面伝導層を用いて作製されたダイヤモンドFETは，放熱特性に優れ遮断周波数が45 GHz程度のものが得られている．

二つ目は，ダイヤモンド表面の終端状態で実効的電子親和力（真空準位–伝導帯最下端準位）が正にも負にもなる性質である．具体的には，酸素終端の場合は，通常の半導体と同様に電子親和力は正であるが，水素終端すると負になる．後者の場合，伝導帯に励起された電子は容易に固体外に放出されるため，低電圧駆動電子放出素子や高耐電圧電力スイッチの研究が行われている．

一方，ダイヤモンドは比誘電率が小さいため（表 12·1），伝導帯の電子と価電子帯の正孔とが結合し対となって振る舞う励起子のエネルギーが 80 meV と大きく，室温でも励起子の高密度状態が存在する．励起子の電子-正孔対が再結合すれば発光するため，間接半導体であるにもかかわらずダイヤモンドは，出力 mW 級の深紫外 LED（励起子 LED）への応用も期待されている．また，ダイヤモンドに特有の窒素不純物と炭素空孔との複合欠陥は安定で発光効率が高く，室温においても十分長いスピン状態を保つことから，室温動作の量子コンピュータや単一光子デバイスなどの応用も研究されている．

なお現状のダイヤモンド結晶作製技術では，マイクロ波プラズマ CVD 法を用いたホモエピタキシャル法により高品質化やキャリヤ制御は微斜面基板や局所的 (111) 面の活用により必要なレベルまでほぼ達成されている．しかし，基板として使用する高圧合成ダイヤモンドの大きさに限度（1 cm 程度）があり，ヘテロエピタキシャル技術も開発途上にあるなど，大きなサイズの高品質単結晶ダイヤモンド作製技術が開発課題である．

12·5 酸化物半導体

金属の酸化物もワイドバンドギャップ半導体になりうる．ZnO は紫外 LED への応用が期待されており，2 インチ径基板が市販されている．Ga_2O_3 は GaN，SiC より E_g が大きいため，パワーデバイス応用への試みが始まっている．そして，近年，酸化物半導体がスパッタリングプロセスにより容易に成膜でき，透明でアモルファス Si よりも移動度が高いという特徴から，高精細フラットパネルディスプレイ用の薄層トランジスタ（Thin-Film Transistor, TFT）として研究開発が進んでいる．特に，In-Ga-Zn-O（IGZO）TFT は携帯電話ディスプレイの低消費電力化を達成し，製品化された．

演習問題

1 一般に，真性キャリヤ濃度は $n_i = \sqrt{N_C N_V} \exp\left(-\frac{E_g}{2kT}\right)$ で与えられる．ここで，N_C，N_V はそれぞれ伝導帯および価電子帯の有効状態密度である．図 12·2 では Si，および GaN の真性キャリヤ濃度の値に大きな差があることが示されて

いる．E_g の大きさの違いが真性キャリヤ濃度にどの程度影響しているか，温度 1 000 K の場合を例にあげて見積もれ．

2 1 000 V の印加電圧に耐えうる i 形 Si および i 形 4H-SiC の厚さを求めよ．

3 n 形 Si，および n 形 4H-SiC を用いて耐圧 1 000 V の縦形ショットキーダイオード設計する．
(1) 逆方向電圧 $V_r = -1 000$ V 印加時，空乏層中の電界が材料の絶縁破壊電界と等しくなるような半導体中のキャリヤ密度，およびそのときの空乏層幅を求めよ．
(2) 半導体の厚さを (1) で求めた空乏層厚さと等しくした場合，単位面積当たりのオン抵抗 R_on を求めよ．ただし，大きな順方向電圧の印加により空乏層幅は 0 になり，電極の接触抵抗は無視できると仮定する．

4 転位密度 D_dis が 1×10^8，および $1\times 10^4\,\mathrm{cm}^{-2}$ の場合，転位間の平均距離 L_dis，および 100 μm 角の領域に存在する本数を求めよ．

5 アンドープ半導体試料におけるキャリヤ生成方法および移動度の測定方法を述べよ．次に，アンドープダイヤモンドのキャリヤ移動度（@室温）は，電子が $4 500\,\mathrm{cm}^2\cdot\mathrm{V}^{-1}\cdot\mathrm{s}^{-1}$，正孔が $3 800\,\mathrm{cm}^2\cdot\mathrm{V}^{-1}\cdot\mathrm{s}^{-1}$ と報告されている（表 12·1）が，両者ともホール係数測定により得られた値（たとえば正孔は $2 200\,\mathrm{cm}^2\cdot\mathrm{V}^{-1}\cdot\mathrm{s}^{-1}$）よりかなり大きい．その理由を考えよ．

13章 先端メモリ, スピントロニクスと燃料電池

電子は電荷とスピンを有するが, 先端技術によりそれらの属性を活用したさまざまなデバイスが実用化されている. 本章では, それらの代表例として, 電子の電荷を活用する半導体メモリデバイスを取り上げ, その種類や基本構成を学ぶとともに, 電子スピンを活用するスピントロニクスデバイスについて主なものを学習する. さらに, 自然に優しい電源として今後の幅広い活用が期待されている燃料電池の概要についても知見を得る.

13・1 半導体メモリ

代表的な Si 半導体素子の一つはメモリである. メモリは, 読み書き動作によって, データの「読み書き可能」な **RAM** (random access memory) と, 「読み出しのみ, もしくは読み出しが中心」の **ROM** (read only memory) に大別される. また, 記憶情報の保持状態によって, **揮発性** (volatile) と**不揮発性** (non-volatile) に分類される. **揮発性メモリ**では電源を切ると記憶内容が消失するが, **不揮発性メモリ**では書き込んだ情報が半永久的に保存される.

RAM では, すべてのビットに自在にデータを書き込み, 読み出すことができる. 代表的な RAM は **DRAM** (dynamic RAM) で, パソコンのメインメモリに使われている. DRAM は大容量, 低電力, 低価格であるが, キャパシタに蓄積した電荷が, 蓄積電極からリーク電流により放電し, 情報が消失するため, 同じ情報を毎秒数十回書き込む**リフレッシュ**と呼ばれる動作が必要である.

フリップフロップ回路により記憶内容を保持する **SRAM** (static RAM) は, リフレッシュ動作が不要で扱いやすい. しかしながら, トランジスタ数が多いため, 集積度が低く, 消費電力も大きい. SRAM は高速であるため, 計算機の CPU と DRAM の間のキャッシュメモリとして使われている. なお, DRAM と SRAM はいずれも揮発性メモリである.

13章 先端メモリ，スピントロニクスと燃料電池

ROM は，一度書き込むと情報を変更できず，読み出しのみ，もしくは書き換え動作に時間が必要なメモリで，不揮発性である．読み出しのみの ROM には，**マスクROM** や **PROM**（programmable ROM，ヒューズ ROM とも呼ぶ）があり，製作時のマスクで記憶内容が決まる（マスク ROM）か，製作後に記憶情報を破壊動作（ヒューズを切る）で書き込むため，記憶情報を書き換えできない．書き換え可能な ROM では，電気的に情報の記憶と消去を行う **EEPROM**（electrically erasable programmable ROM）や**フラッシュメモリ**（flash memory）などがある．

〔1〕フラッシュメモリ

フラッシュメモリは一括消去形の EEPROM である．書き換えによる劣化を低減し，ブロック消去により消去時間を短縮することで，実用化が進み，一部の用途ではハードディスクを置き換えるほど，大量に使われている．フラッシュメモリのセルは，一つのトランジスタで構成された単純な構造で，セル面積が小さく高集積化に有利である．メモリセルの基本構造を図 13·1 に示した．フラッシュメモリセルでは，フローティングゲートに電荷を蓄えて，トランジスタのしきい値変化により情報を記憶する．フローティングゲートは絶縁膜に覆われているため，不揮発性となる．

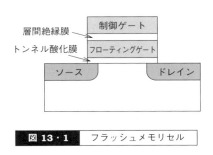

図 13·1 フラッシュメモリセル

書き込み動作は，制御ゲートにしきい値電圧以上の高電圧を印加し，ドレイン近傍で高いエネルギーを得たホットエレクトロンを，フローティングゲートに注入することで行う．この書き込みにより，トランジスタのしきい値は高くなる．消去する場合は，ソースに高電圧を，制御ゲートに 0 V を印加し，ドレインを開放して，トンネル電流として電子を引き抜く．

フラッシュメモリの回路には，NOR 形と NAND 形がある．NOR 形では，各セルがビット線，ワード線，接地に接続されているので，ランダムに読み書きが行え，高速読み出しの ROM やメモリカードなどの用途に適する．NAND 形では，セルが従属接続されているため動作が遅い．しかし，ページ単位でデータを読み書きでき，セル面積が小さく高集積化に有利であるため，大量のデータを扱うメモリとして優れている．

〔2〕新しいメモリ

ビットコストの低減，低電力化，高速・大容量などの継続的な市場ニーズに応えるために，新しい動作原理を用いたさまざまなメモリが開発されている．本項では，新メモリの要点を簡潔に述べる．

FeRAM（ferroelectric RAM）は，強誘電体の自発分極が電界によって変化する特性を利用した不揮発性メモリである．すなわち，チタン酸ジルコン酸鉛 PZT（$PbZrTiO_3$）や，タンタル酸ストロンチウムビスマス SBT（$SrBi_2Ta_2O_9$）などの，ペロブスカイト形の結晶構造のセラミックスに見られる分極–電界特性のヒステリシス曲線（図 13·2）により，電界を切った状態で A か B のどちらかに分極しており，これによって印加される電荷でメモリ動作を行う．FeRAM は，動作電圧が低く，低電力で高速書き換えの特長を有し，さらに 10^{12} サイクル以上の書き換えが可能である．

MRAM（magnetic RAM）は，ビット線とワード線の交点の記憶セルに，TMR

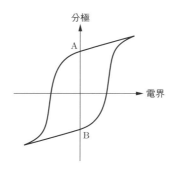

図 13·2　FeRAM のヒステリシス曲線

(tunnel magneto-resistance)効果を有する **MTJ**(magnetic tunnel junction)を用いた不揮発性メモリである(図 13·3).MTJ はトンネル障壁層を 2 枚の磁性層で挟んだ構造である.磁性層は磁化の方向が固定された参照層と,誘導境界により磁化の方向が書き換わる記憶層からなる.参照層と記憶層の磁化の向きが同じ場合,ビット線からワード線への電気抵抗が減少し,トンネル電流が流れ,逆の場合(図 13·3 はこの状態である)は電流が流れない.これによりメモリ動作を行う.MRAM も,FeRAM 同様に動作電圧が低く,低電力で高速書き換えの特長を有し,さらに 10^{15} サイクル以上の書き換えが可能である.大容量化に有利なスピン注入MRAM では,スピン偏極した電子を注入し,偏極方向のスピントルクで磁化反転させるスピン注入磁化反転法が用いられている.

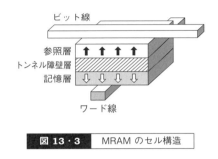

図 13·3 MRAM のセル構造

相変化メモリ(PRAM:phase-change RAM,もしくは PCM:phase-change memory)は,材料の結晶構造を変化させることで情報を記憶する不揮発性メモリである.カルコゲナイド系合金の GST(GeSbTe)は,結晶状態で低抵抗,アモルファス状態で高抵抗である.PRAM セルの構造を図 13·4 に示した.各セルに設けられたヒータに電流を流し,発生するジュール熱による GST を加熱し,結晶状態による抵抗の変化を,メモリ動作に用いる.図には溶解してアモルファス状態になった GST が存在する状態を示している.PRAM は構造や原理が単純かつ簡便で,書き換え速度や回数もフラッシュメモリより優れており,大容量のメモリ用途に適する.

ReRAM(resistive RAM)は,情報をセルの抵抗値の差で記憶する不揮発性メモリである.セルの構造は,TiO_2,NiO,CuO_2 などの二元系金属酸化物を電極で挟んだキャパシタのような構造で(図 13·5),セルにパルス電圧を印加して,電圧

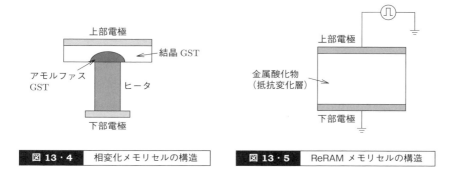

図 13・4　相変化メモリセルの構造　　図 13・5　ReRAM メモリセルの構造

によって金属酸化物の抵抗値が変化することをメモリ動作に用いる．ReRAM の動作特性は，金属酸化物や電極材料によって異なり，抵抗変化のメカニズムも完全には解明されていない．ReRAM はセル構造が単純であるため，微細化や積層化が容易で，抵抗変化による多値化も可能であるため，高密度メモリの実現が期待されている．

13・2 スピントロニクス

　電子のもつ電荷の性質を利用して電気信号の制御を行うエレクトロニクスに対して，電荷に加えもう一方の属性であるスピンの性質も積極的に利用した技術が**スピントロニクス**である．スピントロニクスの成果としてハードディスクの磁気ヘッドや磁気メモリ（MRAM）などがすでに実用化されており，今後従来のエレクトロニクスを超えるさまざまな機能をスピントロニクスにより実現することが期待されている．以下，いくつかの応用例について解説する．

〔1〕**磁気ディスクヘッド**

　スピントロニクスの顕著な成果として，磁気ディスクヘッドへの応用があげられる．当初はフェライトと巻線により構成されるコイルの電磁誘導により，磁気信号を読み取っていたが，1990 年代に入り磁気抵抗（MR）ヘッド，続いて GMR ヘッド，さらに 2000 年代後半にはトンネル磁気抵抗（TMR）ヘッドが実用化され，記録密度が飛躍的に向上した．1990 年は $0.1\,\mathrm{Gbit/inch}^2$ 程度であった記録密

度が,2013 年には 700 Gbit/inch^2 を超える磁気ディスクが市販されており,20 年余りで 1 万倍以上の高密度化がなされた.このような大幅な記録密度向上をもたらしたスピンバルブの構造,原理および材料について解説する.

(a) 構　造

1991 年 Parkin らは図 13·6 のような,強磁性体層で非磁性体層を挟み込んだ**スピンバルブ**と呼ばれる構造が高感度磁気センサとして有効であることを示した[1].下部の強磁性体層(固定層)の磁化の方向を隣接する反強磁性体との交換結合で固定し,上部電極には保持力の小さい強磁性体(自由層)を用いることにより,非常に弱い磁界で上下の強磁性体層の磁化を平行および反平行に切り換えることができる.スピンバルブは,磁気ディスクヘッドに代表されるさまざまなスピントロニクスの基本構造となっている.GMR を用いたスピンバルブは,磁気ディスクヘッドとして実用化された.

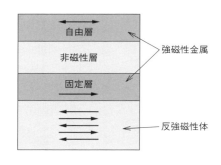

図 13·6　スピンバルブ構造

その後,強磁性金属の間に絶縁体を挟んだ構造で,強磁性体金属の伝導電子のトンネル効果を利用する**トンネル磁気抵抗**(TMR)効果により高い磁気抵抗比が室温で観測された[2].この構造は **TMR スピンバルブ**と呼ばれている.TMR は GMR よりさらに高い磁気抵抗比を得ることができるため,GMR 磁気ヘッドに代わり現在では磁気ディスクの読み取りヘッドとして広く用いられ,大容量化・小形化に貢献している.

(b) 原　理

GMR スピンバルブの動作原理は以下のように現象論的に説明できる.図 13·7

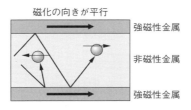

図 13・7 GMR スピンバルブの動作原理

のような非磁性金属を強磁性金属で挟み込んだスピンバルブ構造を考える．このとき，非磁性金属を流れる電子のスピンと強磁性体の磁化の向きが反平行のときは界面におけるスピン散乱により抵抗が増加する．ここで，伝導電子のスピンと強磁性体金属の磁化の向きが平行なときと反平行なときの抵抗をそれぞれ r_p, r_{ap} とする（$r_p < r_{ap}$）．上下の強磁性体層のスピンの向きが平行なときと反平行であるときの非磁性層の面内抵抗をそれぞれ R_p と R_{ap} とする．非磁性層の伝導電子はアップスピンとダウンスピンの電子が同数であり，その抵抗はアップとダウンのそれぞれのスピンをもつ電子の抵抗の並列合成抵抗であると考える．このとき R_p, R_{ap} は r_p と r_{ap} を用いてそれぞれ

$$R_p = \frac{r_p r_{ap}}{r_p + r_{ap}} \tag{13・1}$$

$$R_{ap} = \frac{r_p + r_{ap}}{4} \tag{13・2}$$

と表すことができる．よって，磁気抵抗比（MR 比）は

$$(R_p - R_{ap})/R_{ap} = \frac{-(r_p - r_{ap})^2}{(r_p + r_{ap})^2} \tag{13・3}$$

となる．したがって，GMR スピンバルブにおいて自由層を反転させることにより，非磁性層の抵抗が変化する．

（c） 材 料

GMR スピンバルブにおいては，自由層には Co, FeNi 合金や FeCo 合金，非磁性

層としては Cu が用いられることが多い．また，TMR スピンバルブに関しては，絶縁層として当初は AlO_x などのアモルファス酸化物が用いられていたが，Yuasa らにより結晶性 MgO 薄膜を用いることにより，飛躍的に TMR 比が向上することが見いだされ，現在主流となっている[3]．強磁性電極としては GMR と同様 FeCo 合金などが用いられていたが，CoFeB が MgO を組み合わせることで高い TMR 比を発現することから，現在は磁気ヘッド材料として広く用いられている．

〔2〕 磁気ランダムアクセスメモリ（MRAM）

磁気ランダムアクセスメモリ（MRAM）は，電源を切っても情報を補記可能な不揮発性，高速な書き換え・読み出し，かつ書き換え可能回数が実質無制限であるなど，原理的には非常に優れた機能を有している．そのため，現在コンピュータ用のランダムアクセスメモリ（RAM），広く用いられている揮発性メモリである DRAM（高集積）や SRAM（高速），およびメモリカードなどに主に用いられている不揮発性のフラッシュメモリ（不揮発性）などの機能をすべて備えるユニバーサルメモリとして注目されている．

〔a〕 構　造

現在実用化されている MRAM は図 13・8 のように TMR 素子をメモリ素子とし，それを二つの配線，ビット線とワード線の交点に二次元的に配列した構造からなる．このとき構成する二つの強磁性体の磁化配列が平行または反平行で "0" および "1" のディジタル信号を保持する．書き込みはビット線とワード線に流す電流が作る合成磁界で，交差する TMR 素子の自由層の磁化を反転させる．しかし，この方式は書き込みに必要な電流が大きく，大容量化は困難と考えられている．そ

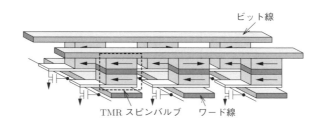

図 13・8　MRAM の素子構造

のため**スピン注入磁化反転**という新しい書き込み法が期待されている[4]．これは TMR 素子の自由層にアップスピンとダウンスピンの割合の異なる電流である**スピン偏極電流**を注入して，磁化反転（書き込み）を行うものである．素子サイズが小さくなるほど磁化反転に必要な電流が小さくなり，微細化によって素子あたりの消費電力を小さくすることができるため（スケーラビリティ），大容量化に適した技術と考えられている．

（b）原　理

すでに述べたように，TMR を用いた磁気読み取り技術の進展が，大容量磁気ハードディスクにおいて実用化されており，次世代 MRAM においても要素技術と考えられている．これは，強磁性金属の間に絶縁体を挟んだ構造で，強磁性体金属の伝導電子のトンネル効果を利用する．非磁性金属ではアップスピンとダウンスピンのエネルギーは等しいため，フェルミエネルギーにおける両者の密度は等しい．しかし，強磁性体金属では交換相互作用によりスピンを平行にそろえる力が作用し自発的にスピンが一方向にそろうため，フェルミエネルギーにおけるアップスピンとダウンスピンの状態密度が異なる．アップスピンとダウンスピンの状態密度をそれぞれ $N_\uparrow$，$N_\downarrow$ とすると，**状態密度のスピン偏曲率** P_N は次のように定義できる．

$$P_N \equiv \frac{N_\uparrow - N_\downarrow}{N_\uparrow + N_\downarrow} \tag{13・4}$$

一般的にトンネル接合のトンネルコンダクタンスは絶縁層の両側の金属の状態密度の積に比例する．**図 13・9** のように強磁性体の場合はさらに，同じ向きのスピンの状態に遷移するという制限が加わるため，トンネルコンダクタンス G は $N_\uparrow^2 + N_\downarrow^2$ に比例する．ここで多数スピンの状態密度を N，少数スピンの状態密度

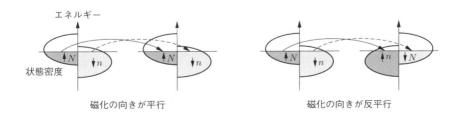

図 13・9　TMR スピンバルブのトンネルコンダクタンス

を n とする強磁性体の磁化が平行なときと反平行なときのトンネルコンダクタンス G_p および G_{ap} は，それぞれ

$$G_p \propto N^2 + n^2 \tag{13・5}$$

$$G_{ap} \propto 2Nn \tag{13・6}$$

となる．また，状態密度のスピン偏極率は

$$P_N \equiv \frac{N-n}{N+n} \tag{13・7}$$

と書ける．よって，TMR 比 T_R は

$$T_R = \frac{G_p - G_{ap}}{G_{ap}} = \frac{P_N^2}{1-P_N^2} \tag{13・8}$$

と表すことができる．したがって，伝導電子のスピンが完全に一方向にそろった $P_N = 1$ のハーフメタルで理想的な界面をもつ磁気トンネル接合では TMR 比は無限大となる．しかし実際には，界面におけるスピン緩和などにより TMR 比は理想的な値よりも低下する．

(c) 材 料

磁気ハードディスクと同様，磁性電極に CoFeB，絶縁層に MgO 薄膜を用いた構造が一般的である．しかし，CoFeB 薄膜は面内に磁化方向をもち，熱擾乱に抗して磁化方向を一定の方向に保つための磁気異方性が弱いという問題があった．そのため，膜面に対して垂直磁化をもつ材料で TMR 素子を作る試みが精力的に行われている．また，さらに高いスピン偏極率を持つ材料の開拓も重要であり，フェルミ面において 100％スピン分極状態となっているいわゆるハーフメタル材料の開発が進められている．ハーフメタルとしては Fe_2O_3 や $(La, Sr)MnO_3$ などの遷移金属酸化物や，XYZ もしくは X_2YZ（X, Y：遷移金属酸化物，X：半導体，非磁性金属）という化学組成をもつホイスラー合金（**図 13·10**）が注目を集めている．

〔3〕熱電変換素子

上記のような情報保持デバイスだけでなく，スピンの性質を積極的に利用した，さまざまな機能をもつスピントロニクスデバイスが提案されている．その一つが電流を伴わないスピンの流れである**スピン流**を利用した熱電変換素子である．金属の両端に温度差を与えると電圧が生じるという現象はゼーベック効果として知られているが，2008 年に Uchida らにより温度差によってスピン流が生成され，そ

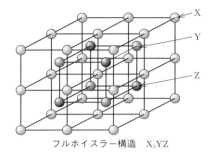

図 13・10 ホイスラー合金の構造

の結果として電圧が発生する**スピンゼーベック効果**が発見された[5]．これを契機として，従来の電界や磁界だけでなく，熱流によりスピン流を制御する新しいスピントロニクスの研究が進められている．

（a） 構　造

図 13・11 のように強磁性体材料に温度勾配を与えると，高温側と低温側からそれぞれ逆向きのスピンが生成し流れ出る．この時，電流がゼロであっても純スピン流が存在することになり，スピンゼーベック効果により起電力が発生する．

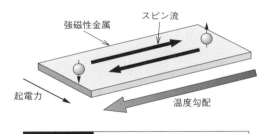

図 13・11 スピンゼーベック効果の概念図

（b） 原　理

スピントロニクスでは，電荷に対する電流に対応した，スピンに対する**スピン流**という概念が導入されている．強磁性体中を流れる電流もしくは強磁性体から非磁性体へと注入された電流は，アップスピンとダウンスピンのどちらか一方が多く含まれているスピン偏極電流である．アップスピンとダウンスピンの電流密

度をそれぞれ $J_\uparrow$, $J_\downarrow$ とすると，**電流のスピン偏極率** P_j は

$$P_j \equiv \frac{J_\uparrow - J_\downarrow}{J_\uparrow + J_\downarrow} \tag{13・9}$$

と定義できる．このとき図 13・12 (b) に示すように，電荷の輸送を担う電流 J_e は

$$J_e = J_\uparrow + J_\downarrow \tag{13・10}$$

と表すことができる．これに対して，スピン角運動量の流れ J_s は

$$J_s = J_\uparrow - J_\downarrow \tag{13・11}$$

と表すことができる．このとき J_s を，電荷に対する電流と対応して**スピン流**と呼ぶ．スピン偏極電流では電流とスピン流の両者が流れていた．しかし，図 13・12 (b) のようにスピンの向きが反対かつ流れる方向が逆方向の電流が存在するとき，電流 $J_e = 0$ となるがスピン流 $J_s \neq 0$ である．このような状況はスピン濃度の高いところから低いところへのスピン流の拡散を利用して実現されており，**純スピン流**と呼ばれる．このような純スピン流は正味の電流がゼロであるため，エネルギーの散逸が非常に小さく，低消費電力デバイスにつながるものと期待されている．

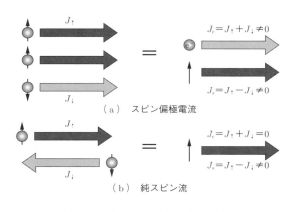

図 13・12 スピン偏極電流と純スピン流

(c) 材　料

スピンゼーベック効果は当初 NiFe パーマロイを用いて観測された[5]．しかし，スピン流は上述のように電流を伴う必要がないため，電流を流さない絶縁体にお

いてもスピン流は流すことができる．実際スピンゼーベック効果は絶縁体であるイットリウム鉄ガーネット（$Y_3Fe_5O_{12}$）においても観測された[6]．これは，エネルギー損失が小さい絶縁体を利用した熱電発電が可能であることを示しており，今後の開発が注目されている．

13・3 燃料電池

〔1〕 燃料電池の基本構成

燃料電池（fuel cell）は，可燃性の燃料と支燃性の酸化剤とを反応させて，電気エネルギーを取り出す電気化学装置である．燃料電池は，1960年代後半に，ナフィオンと呼ばれるイオン交換膜を用いたものが開発され注目された．基本は，可燃性ガスである水素ガス（H_2）の酸化反応である．これ以外の燃料としては，メタンやプロパンガスなどの天然ガスや液体のメチルアルコールなどがある．燃料電池は，化石燃料である天然ガスを燃焼方式で発電する火力発電と比較して，電気エネルギーへの変換効率（電力変換効率）が高く，燃料の有効活用という点から見て利点があるために，今日まで研究・開発が進められてきた．しかし，天然ガスの場合は，これから H_2 を取り出す改質装置が必要となる．

燃料電池の理論最大電力変換効率は約83%であるといわれており，他のエネルギー変換材料と比較して高い．ジルコニア（ZrO_2）を用いた1000°C付近で作動する**固体酸化物形燃料電池**（solid oxide fuel cell（SOFC））の電力変換効率は50%以上である．燃料電池から排出される廃熱を利用することまでを考えれば，さらに効率は高くなる．また，固体であるのでコンパクトである．しかし，1000°C付近では，周辺に用いられる材料の耐熱性や熱絶縁性が要求され，コストが高くなる．したがって，高温作動は，燃料電池にとって，長所でもあり短所でもあるので，より低温で高い電力変換効率をもつ燃料電池の開発も続けられている．

現在種々の電子・電気機器やハイブリッド車両に使用されている，リチウムイオン二次電池などは，電池内部に含まれる物質のみの反応により電気エネルギーを取り出す．またニッケル・水素電池は水素のみを外部あるいは水素貯蔵合金に水素を蓄えて供給する．一方，燃料電池は，外部から燃料と酸化剤を供給し，化学反応の結果，電気エネルギーと反応生成物を取り出し，反応装置そのものは変

化しないので,いわゆる電池といよりは,反応装置という方が正しいのかもしれない.

燃料電池の基本構成図を図 13·13 に示す.カソード,アノードとも電子伝導性を有する.ここでの**イオン伝導体**(ionic conductor)は,電子が伝導せず,イオンのみが伝導する.伝導はカソード,アノードにおけるイオンの化学ポテンシャルの差によって起こる.電子がイオンと同時に伝導すると,起電力が低下する.

次に,イオン伝導について簡単に述べる.室温において絶縁体と思われるイオン結晶でも,高温にして電圧を印加すると大きな電流が流れるものがある.このとき,電気伝導に寄与している伝導種として,電子あるいは結晶を構成するイオンあるいはその両方である場合がある.結晶中で伝導するイオンが生じる原因の一つとして,格子欠陥が考えられる.格子欠陥としては,熱的格子欠陥であるフレンケル欠陥,ショットキー欠陥がある.他に平均構造,化学量論組成のずれによる過剰なイオンによるものがある.イオンが伝導する物質のうち,特にイオン伝導が顕著なものを,研究分野の違いによって,**超イオン伝導体**(superionic conductor),**高速イオン伝導体**(fast ion conductor),あるいは**固体電解質**(solid electrolyte)と呼ぶ.燃料電池では,水素原子のイオン(H^+)である**プロトン**(陽子(proton)),酸素原子のイオン(O^{2-})である**酸化物イオン**(oxide ion)が伝導種である.図 13·1 ではプロトンが伝導する場合が示されている.イオン伝導体は電気抵抗を小さくするために,厚さができる限り薄い方がよい.

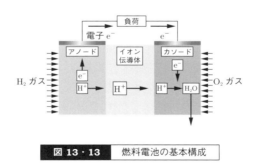

図 13·13 燃料電池の基本構成

まず,アノードでは

$$H_2 \rightarrow 2H^+ + 2e^- \tag{13·12}$$

なる反応が起こる．水素分子は 2 個のプロトン（H$^+$）と二つの電子に電離する．電子はアノード電極から外部回路に流れ出し，負荷を通ってカソードに入る．一方，H$^+$ はカソードから，プロトン伝導体を通り，カソードに入る．別々の経路でカソードに入った電子とプロトンは再結合して，酸素が還元されて

$$2H^+ + \frac{1}{2}O_2 + 2e^- \rightarrow H_2O \tag{13・13}$$

なる反応が起こる．プロトン導電体中でプロトンに働く力は，プロトンがカソードで式 (13・13) で表される酸化反応をしようという起電力による．同様な力は，アノードから負荷を通ってカソードにいく電子にも働く．式 (13・12) の反応速度は式 (13・13) の反応速度より大きいので，式 (13・13) の反応速度で律速される．したがって，負荷を通る電子の数は，式 (13・13) の反応速度で決まる．電池の容量を大きくするためには，式 (13・13) の反応速度を大きくする必要がある．式 (13・13) の反応速度は，プロトン導電体のプロトン導電率とレドックス反応速度の両方で決まると考えられる．したがって，プロトン伝導体のプロトン導電率が大きい必要がある．プロトン導電率を大きくするには，プロトン導電率の大きいプロトン伝導体を開発するか，その動作温度を高くする必要がある．また，レドックス反応速度を大きくするには，触媒を用いるか動作温度を高くする必要がある．いずれにせよ，動作温度が高いと式 (13・13) の反応速度は大きくなる．式 (13・12)，式 (13・13) の反応速度より決まる理論起電力は $E =$ 約 $1.23\,\mathrm{V}$ である．理論値より高い起電力を得ることが原理的にできないので，高い電圧が必要な場合には，**図 13・14** に示すように，燃料電池を**インターコネクタ**（interconnector）あるいは**セパレータ**（separator）を介して，直列に接続する必要がある．インターコネクタは，燃

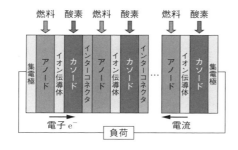

図 13・14　燃料電池の直列接続

料ガスおよび酸化剤ガスがそれぞれの燃料電池に供給されるが,構造上,隣どうしの燃料電池では燃料ガスあるいは酸化剤ガス極が隣り合うので,それぞれのガスが混じらないようにするものである.

また,実際には式 (13·12),式 (13·13) の反応以外の副反応が起こり,電力変換効率の低下につながる.

〔2〕燃料電池の分類

燃料電池は,実用的な観点から大きく分けて,固体高分子形燃料電池(polymer electrolyte fuel cell(PEFC)),リン酸形燃料電池(phosphoric acid fuel cell(PAFC)),固体酸化物燃料電池(SOFC)がある.

PEFC のプロトン伝導体にはイオン交換性高分子膜(PEM)が用いられている.PEM は触媒層をもつアノードとカソードで挟みこまれた**膜電極接合体**(membrane electrode assembly(MEA))で構成され,それは,さらに 2 枚のセパレータ(インターコネクタ)で挟み込まれている.PAFC のイオン伝導体はリン酸であり,プロトンはリン酸基の助けを借りて伝導する.

PEFC の動作温度は 100°C 以下で最も低い.PAFC では室温ではプロトン導電率は小さいので,できる限り動作温度を高くしなければならないが,リン酸の分解や蒸発が起こらない約 220°C 以下の温度で動作させる必要がある.PEFC および PAFC は SOFC よりは動作温度がはるかに低いが,コジェネレーションや車載用に,より低温(400〜700°C)で動作する中低温形 SOFC の開発も行われている.

電力変換効率は PEFC が 40%以上,PAFC が約 40%,SOFC が 50%以上である.燃料電池は,動作時に熱と水が発生するが,高温で動作する PAFC あるいは SOFC では,廃熱として捨て去られる熱を,建物の給湯設備や暖房へ利用されている.このような発電システムを**コジェネレーション**(cogeneration)という.SOFC のように高温で動作する燃料電池の実用化が行われているが,その理由は,反応速度が速いために電力変換効率が高いからである.また,燃料ガスをイオン化などするための触媒の必要性も低い.また,天然ガスからわざわざ H_2 を取りださなくとも,そのままで反応させても,効率はさほど低くならない.しかし,前述のようにインターコネクトなどの周辺部の材料などが高温で酸化されることや,発電部と電力利用部を断熱する必要があるなどの欠点もある.一方 PEFC は低温で動作するが,燃料ガスをイオン化などするための触媒や酸化物イオンあるいは

プロトンを輸送するイオン伝導体が必要である．

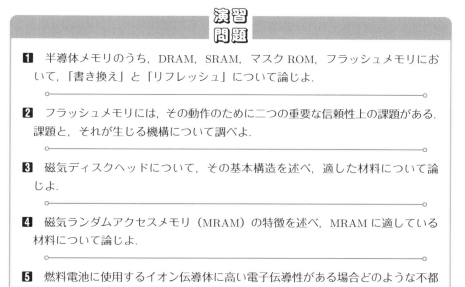

1. 半導体メモリのうち，DRAM，SRAM，マスク ROM，フラッシュメモリにおいて，「書き換え」と「リフレッシュ」について論じよ．

2. フラッシュメモリには，その動作のために二つの重要な信頼性上の課題がある．課題と，それが生じる機構について調べよ．

3. 磁気ディスクヘッドについて，その基本構造を述べ，適した材料について論じよ．

4. 磁気ランダムアクセスメモリ（MRAM）の特徴を述べ，MRAM に適している材料について論じよ．

5. 燃料電池に使用するイオン伝導体に高い電子伝導性がある場合どのような不都合が生じるかを述べよ．

14章 今後の発展が期待される材料

本章では，今後，実用化にむけた材料開発が期待されているエレクトロニクスとフォトニクスとが交わる電磁波帯であるテラヘルツ波発生材料，および sp^2 の炭素原子間結合からなるナノ構造炭素材料について，それらの特徴的な性質を学ぶ．

14·1 テラヘルツ波応用

テラヘルツ電磁波が拓く新しい研究開発分野を紹介し，基本技術の一つであるテラヘルツ時間領域分析イメージングの基礎とそれに用いられる電子材料について解説する．また，共鳴トンネルダイオードやショットキー接合など，開発が進められているテラヘルツ電磁波発生・検出デバイスについても紹介する．

〔1〕テラヘルツ帯

テラヘルツ（THz）帯は，エレクトロニクスとフォトニクスが交わる未開拓領域であり，周波数でいうと 300 GHz～10 THz 近傍の光/電磁波/電気信号が主役である．この領域は，長年，未開拓領域として，基礎研究や特殊な分析応用が進められてきたが，90年代に入って，新しい分析技術である**テラヘルツ時間領域分光法**（THz-TDS）が利用され始め，95年頃にそのイメージング応用への可能性が紹介されたのをきっかけに，新しい研究分野としての幕開けを迎えた．その後，約10年間でさまざまなブレークスルーがもたらされ，2005年ごろから重要分野として認識され始めた．テラヘルツ科学技術は，さまざまな学問と技術の融合領域で，図 14·1 に示すように，広範な応用が期待されている．ここでは，それらにかかわる電子材料，デバイス，システムなどについて紹介する．

14・1 テラヘルツ波応用

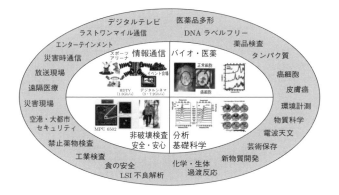

図 14・1　テラヘルツ波による新規応用分野

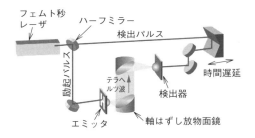

図 14・2　テラヘルツ時間領域発生検出システム

〔2〕テラヘルツ時間領域計測法と分析・イメージング応用

　THz-TDS は，**フェムト秒レーザ**を用いた**テラヘルツ電磁パルス**の発生とそれを用いた分析・イメージング応用である．図 14·2 にフェムト秒レーザを用いたテラヘルツ波の発生検出システムを示す．一般的には，フェムト秒レーザは，パルス幅 100 フェムト秒 (fs)，繰返し周波数約数十 MHz の光パルスを出射し，そのパルスは，第 1 のハーフミラーで，二つのパルスに分離される．一つの光は，光テラヘルツ波変換によるテラヘルツ光源に導かれ，空間放射されたテラヘルツ波は検出器へと集光される．一方，分離されたもう一方の検出用光パルスは，検出器へと導かれる．このとき，後述するが，検出器は光が入射したときだけ動作するデバイスで，遅延ステージにより，検出パルスの到達時間を変化させること

14章 今後の発展が期待される材料

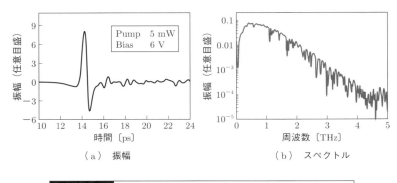

図14·3 時間領域テラヘルツ電磁パルスの振幅とスペクトル

により，**時間領域計測**が可能となる．テラヘルツ電磁波振幅の時間領域波形の例を図14·3に示す．横軸は時間であるが，計測上は遅延ステージの移動距離が対応する．この電磁パルスは，さまざまな周波数成分をもっており，その波形をフーリエ変換することで，スペクトル成分がわかる．

このテラヘルツ電磁波の発生と検出方法は，90年代以降に物質の物性分析に応用されるようになってきた．図14·2におけるテラヘルツビーム経路にサンプルを挿入し，入れる前の参照信号と比較することで，広いスペクトルを一度に計測し，高速・簡便に分析することができる．特にその特徴として，時間領域計測法を用いているため，振幅と位相（時間遅れ）の情報が含まれており，物性値の実部と虚部を同時見積もることができるという特徴がある．

図14·4にInPウェハのパラメータを示す．InPを挿入することで，最初の波形から，振幅が小さくなっている．この波形を解析することで，例えば，図14·5に示すようにウェハの**複素屈折率**や**複素導電率**の周波数依存性が求められ，さらに**電荷密度**や**移動度**などを見積もることができる．

このように，新しい分光分析として注目されているが，また，テラヘルツ電磁波は光のように集光できるため，イメージング応用も可能である．図14·6にICカードの透過イメージを示す．このように，テラヘルツ電磁波波長程度での分解能をもつイメージングが可能であり，また，その対象の物性分析も可能であることから，さまざまな応用が期待されている．

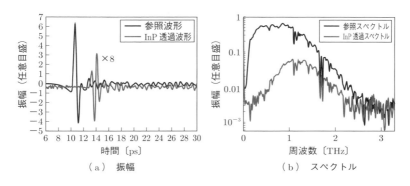

図 14・4 InP ウェハ挿入前後のテラヘルツ電磁パルスの振幅とスペクトル

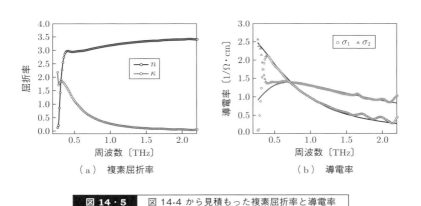

図 14・5 図 14・4 から見積もった複素屈折率と導電率

〔3〕THz-TDS に用いられる光源と検出素子・材料

フェムト秒レーザ励起によるテラヘルツ波の発生と検出について，二種類の方法がある．一つは，半導体で構成される**光伝導アンテナ**，もう一つは，**非線形結晶**を用いるものである．

　光伝導アンテナとは，図 14・7 に示すように，**半絶縁性半導体**上に，ギャップを有する金属アンテナを形成し，そのギャップにフェムト秒レーザを照射するもので，テラヘルツ放射には，電界を印加し，検出時は，テラヘルツ波電界を受けて流れる光電流を計測する．

　広く利用される**光伝導アンテナ**には，**低温成長（LT-）GaAs** が一般的に用

図 14・6 ICカードの透視イメージ

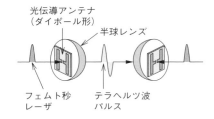

図 14・7 テラヘルツ波発生・検出用光伝導アンテナとその動作原理

いられる．**LT-GaAs** は 200〜300°C の低温で，GaAs を MBE 成長し，600°C 程度で短時間アニールしたものである．成長時にはヒ素を数%過剰に含ませ，その後のアニールにより，数 nm 径のヒ素のプレシピテート（析出物）が数百 nm 間隔で分散している．テラヘルツ波の発生・検出には，光励起した電子・正孔が，外部電界により，比較的高移動度で加速さ，光電流を生成するとともに，ヒ素欠陥により，すぐにトラップされ緩和する．この高速応答により広帯域時間領域テラヘルツ電磁波の発生と検出が可能となっている．

非線形結晶を用いる手法は，**二次の非線形効果**に基づく．時間 t の関数である結晶中の分極 $P(t)$ は，光の電界 $E(t)$ が入射すると

$$P(t) = \epsilon_0 \left(\chi^{(1)} E(t) + \chi^{(2)} E^2(t) + \chi^{(3)} E^3(t) + \chi^{(4)} E^4(t) + \cdots \right) \quad (14\cdot 1)$$

で表される非線形な応答を示す．光が十分弱い場合は，$\chi^{(1)}$ が他に比べて大きいため，一次の線形応答を示すが，光が強くなってくると，次第に 2 乗で大きくなる $\chi^{(2)}$ の効果が無視できなくなってくる．たとえば，周波数の異なる二つの波が入射すると，$E(t) = E_1 e^{-j\omega_1 t} + E_2 e^{-j\omega_2 t} + \text{c.c.}$ とすれば，二次の分極は

表 14・1 主なテラヘルツ波発生用の非線形光学結晶の諸特性

	光波の透過領域 〔μm〕	非線形光学係数 $d_{\textit{eff}}$ 〔pm/V〕	THz 吸収係数 〔cm^{-1}〕	ポッケルス係数 r_{ij} 〔pm/V〕
CdTe	1～25	81.8	4.8	$r_{41} = 6.8$
GaP	0.6～10	24.8	0.2	$r_{41} = 0.97$
ZnTe	0.55～20	68.5	1.3	$r_{41} = 4.3$
LiNbO$_3$	0.33～4.5	168	17	$r_{33} = 31.5$
DAST	0.6～3	615	50	$r_{11} = 47$

$$P^{(2)}(t) = \epsilon_0 \chi^{(2)} \Big\{ E_1^2 e^{-2j\omega_1 t} + E_2^2 e^{-2j\omega_2 t} + 2E_1 E_2 e^{-j(\omega_1+\omega_2)t}$$
$$+ 2E_1 E_2^* e^{-j(\omega_1-\omega_2)t} + E_1 E_1^* + E_2 E_2^* + \text{c.c.} \Big\} \quad (14・2)$$

と表され,倍波,和周波,**差周波**,**整流**項などが現れる.ここで,c.c. は複素共役を表し,最後の整流項がテラヘルツ電磁パルスの発生機構となる.

フェムト秒レーザパルスは,パルス幅が短くなればなるほど,その波長の不確かさが増え,波長成分が大きく広がる.このことは,パルス自身が多くの波長の光をもっていることとなり,光パルスの電界は

$$E(t) = \frac{1}{2} \sum_n E_n e^{-j\omega_n t} + \text{c.c.} \quad (14・3)$$

と表されて,その結果,整流項は

$$P^{(2)}(t) = \epsilon_0 \chi^{(2)} \sum_n \sum_m E_n E_m^* e^{-j(\omega_n - \omega_m)t} \quad (14・4)$$

で,$n = m$ のときに対応し,周波数成分をもたない**光整流**となる.すなわち,光パルス振幅そのものが電磁波源となり,極めて広帯域の成分を有するテラヘルツ電磁パルスを発生することができる.

このような非線形効果によるテラヘルツ波発生には,実効**非線形光学係数**が大きな材料が優れたテラヘルツ波発生結晶となる.**表 14·1** にいくつかの非線形結晶についてまとめている.光によるテラヘルツ発生では,光が透過することも,一つの条件となる.また,**ポッケルス係数**は,テラヘルツ検出のための,非線形係数で,ともに,大きければ大きいほど,高出力・高感度の発生・検出が可能である.また,発生したテラヘルツ波の吸収率が小さいほうが,発生効率は大きくなる.

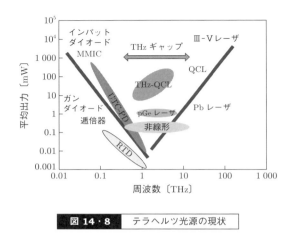

図 14・8 テラヘルツ光源の現状

〔4〕その他のテラヘルツ光源

その他のテラヘルツ光源として,光テラヘルツ変換,電子デバイス発振,テラヘルツレーザなどさまざまな形態があるが,発生は容易ではない.図 14・8 に過去の光源(実線)と最近(楕円)の比較を示している.テラヘルツ帯に向かって,低周波側から高周波になるにつれて,(周波数)$^{-2}$ に,高周波側からは,低周波になるにつれて,(周波数)$^{-2}$ に従って出力が落ちており,テラヘルツギャップが存在していることがわかる.それに対して,まだ解消されてはいないが,徐々にギャップが埋められつつある.低周波側からは,**共鳴トンネルダイオード**(RTD)が改良され,高周波側では,**THz 量子カスケードレーザ**(THz-QCL)が誕生している.また,光テラヘルツ変換効率も改善され,急激に進歩している.

THz-QCL,RTD はともに,GaAs/AlGaAs 超格子を基本的な構造としている.前者は,電子のサブバンド間遷移によるテラヘルツフォトンの発生によるテラヘルツレーザ発振を実現している.後者の RTD は単一量子井戸における量子化準位のトンネル現象を用いたもので,**負性微分抵抗**を利用した室温動作可能な回路発振素子である.前者は低周波数動作(最低発振周波数約 1.2 THz)が,後者は高周波動作(最高動作周波数 1.3 THz)が不得意である.その他,二次元プラズモン素子や古典的なガン・インパットダイオードなどの逓倍による高周波発振素子も開発されている.

〔5〕その他のテラヘルツ検出器

TDS以外で用いられる検出器として代表的なものに，**ショットキーダイオード**と**ボロメータ**がある．ショットキーダイオードには，GaAsが一般的に用いられ，電流-電圧特性の変化を検出する．ボロメータとは，テラヘルツ電磁波のフォトンを吸収し，検出素子の温度が上昇し，そのわずかな上昇を感知して，素子の抵抗の変化を測るもので，InSbやアモルファスSiがある．テラヘルツカメラに用いられている材料はVO_xで，赤外線カメラで用いられているものを，テラヘルツ用に最適化しているが，材料開発自体も現在の研究対象である．さらに高感度なものとしては，超電導材料を用いたものがある（8章参照）．

14・2 フォトニックス材料

〔1〕フォトニック結晶材料

光の波長と同程度の長さの周期で，屈折率（誘電率）が変化する材料を**フォトニック結晶材料**と呼ぶ．これは，電子波の波長と同程度の周期で原子が並んだ結晶において禁止帯（エネルギーバンドギャップ）が存在するのと同様に，フォトニック結晶においては，あるエネルギー範囲内の光の存在が禁止されるフォトニックバンドギャップが現れる．フォトニック結晶には，**図14・9**に示すように，さまざまな次元の構造を考えることができるが，三次元空間内のあらゆる方向に伝搬する光に対してフォトニックバンドギャップが開くためには，十分に大きなコントラストをもった屈折率の周期的な変化と，特定の結晶構造が要求される．

周期的に屈折率が変化するフォトニック結晶内に，**図14・10**（a）のようにその

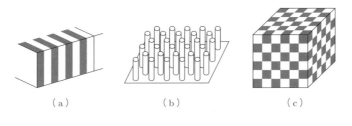

図14・9　典型的なフォトニック結晶構造

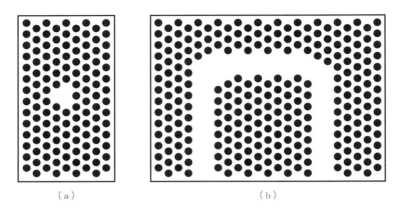

図 14・10　フォトニック結晶の欠陥

規則性を乱す領域（欠陥）を導入すると，その領域に光が局在することがある．この光の局在は，フォトニックバンドギャップ内に局在準位が存在するものと考えることができる．図 14·10（b）のような線状の欠陥の場合，フォトニックバンドギャップ内の光は欠陥に沿ってのみ伝搬でき，その外の周期構造内を伝搬することができないので，無損失の光導波路が実現できる．

フォトニック結晶の応用は，上記の無損失光導波路のほか，フォトニックバンドギャップ内で発光が禁制となることを利用した無しきい値あるいは低しきい値レーザ，バンドギャップの開き方が偏光に依存することを利用した偏光素子，バンド端における特異な分散関係を利用した負屈折率効果などがある．さらに，フォトニック結晶を利用した光ファイバは，すでに実用化されている．

〔2〕**プラズモニクス材料**

電子やイオンの集団的な振動運動であるプラズマ振動は，そのエネルギーが量子化されて**プラズモン**（plasmon）と呼ばれる．金属内の自由電子に対してもプラズモンを励起することができる．ただその場合，電子の横波の振動は並進運動であり復元力が働かない．一方，縦モードの振動は，電荷の粗密を伴いそれにより反電界が生じる．反電界は電子の振動を妨げる復元力として作用するため，固有振動数をもつ自由振動が励起され，プラズモンが存在することになる．プラズモンと光との相互作用を考えると，プラズモンが縦波であるのに対して光の電界

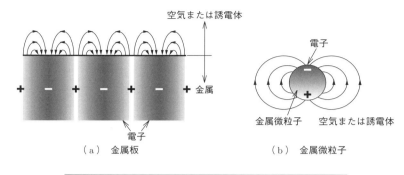

図 14・11 金属板と金属微粒子における表面プラズモン

は横波であるため,両者の間に結合が生じない.ところが,図 14·11 (a) のように,金属と空気あるいは誘電体の界面では,バルク内の電荷分布による電界が染み出して横方向成分が現れる.このように,金属表面を伝搬するプラズモンを**表面プラズモン**（surface plasmon, SP）と呼び,金属表面に沿って伝搬する光と結合する.光と分極との結合をポラリトンと呼ぶことから,**表面プラズモンポラリトン**（surface plasmon polaritons, SPP）とも呼ばれることがある.このほか,金属微粒子などの微小金属構造体においては,常にプラズモンと光とが結合し,局在表面プラズモン（localized surface plasmon, LSP）と呼ばれる.この場合,金属の誘電率から決まる共鳴条件を満たす波長の光に対して,図 14·11 (b) のように金属表面に誘起される分極は非常に大きくなり,これを**表面プラズモン共鳴**（surface plasmon resonance, SPR）と呼ぶ.

表面プラズモンの特徴は,プラズモン共鳴の共鳴条件が金属表面近傍の誘電率に敏感であることと,共鳴時における金属表面での光電界の増強効果である.前者を利用した応用として,金属表面に付着したたんぱく質や DNA などの高感度検出,すなわちバイオセンシングに実用化されている.一方,後者の応用の例として,**表面増強ラマン散乱**（surface enhanced Raman scattering, SERS）を用いた顕微イメージングがある.すなわち,ラマン散乱の強度は非常に弱いが,金属微粒子表面の物質のラマン散乱がプラズモン共鳴による電界増強効果により著しく増幅されるものである.このほか,エレクトロニクス分野への応用として,フォトダイオードの高感度化や発光素子の高効率化にも用いられる.

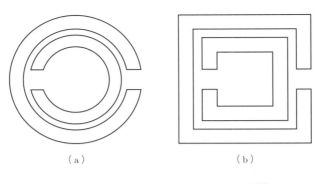

図 14・12　メタマテリアルの基本構造例

〔3〕メタマテリアル

自然界に存在する物質では発現できない機能や性質を実現するために人工的に作られた材料のことを**メタマテリアル**（meta-material）と呼ぶ．ここで，「メタ」とは，「次の」とか「超えた」という意味であり，自然界にこれまでにない物質という意味である．その代表的な例が**左手系材料**（left-handed materials, LHM）あるいは**負屈折率材料**（negative refractive index materials, NIM）と呼ばれるものである．

物質の屈折率 n は

$$n = \sqrt{\varepsilon_r}\sqrt{\mu_r} \tag{14・5}$$

と書くことができる．ここで，ε_r は比誘電率，μ_r は比透磁率である．自然界の物質の比透磁率は吸収のない可視光の領域では1である．一方，比誘電率は，誘電体の場合は正，金属の場合は負の値をとる．もしも，誘電率と透磁率が同時に負である場合，式 (14・5) より屈折率は負となる．

このような負の透磁率は，電磁波の波長に比べて十分に小さな図 14・12 のような共振器構造を，電磁波に対して均質な媒質として振る舞うように並べることにより実現できる．すなわち，物質の電磁界に対する応答は構成原子・分子の応答に基づき，電気的な応答は電子の運動に起因し，磁気的な応答はスピンが関与する．しかし，光の周波数領域では，電子運動の寄与が支配的で，磁気応答はスピンが追随できないため透磁率が1となる．そこで，原子の代わりに，微小な共振器を配置して，その電気的，磁気的応答を制御して，透磁率も正から負へと自由

に変化させるものがメタマテリアルである．

メタマテリアルの特性である負の屈折率を利用すると，回折限界以下に光を結像できる完全レンズや通常の物質の周りをメタマテリアルで覆うと光がその物質を迂回するクローキング材料への応用など，これまでにない応用が提案されている．

14・3 ナノカーボン材料

炭素は，sp^3，sp^2，sp の三つの混成軌道を取ることから，多くの同素体をもつことが知られている．四方に均等に伸びた sp^3 混成軌道により三次元状に規則的に炭素原子が配列したものが**ダイヤモンド**（diamond）であり，sp^2 混成軌道により平面上に炭素が配列し，それらが重なり合ってできたものが**グラファイト**（graphite）である．前者は，色は透明で絶縁体であり，機械的強度も極めて高い．一方，グラファイトは，黒色で導体であり，機械的にも脆い．このような両極端の物性の違いは，上述した結合の違いによるものである．この二つの同素体のほか，われわれの生活と深いかかわりのあるものに**無定形炭素**がある．無定形炭素は，sp^2 と sp^3 の混成軌道が混在したものであり，決まった結晶構造をもたない．

これらの同素体のほか，近年，機能性炭素材料として電気電子工学分野での応用が期待されているものに，**フラーレン**（fullerene），**カーボンナノチューブ**（carbon nanotube），**グラフェン**[*1]（graphene）がある．いずれも sp^2 混成軌道に基づく結合から構成されており，グラファイトと同系列の材料である．すなわち，グラファイトは平面上に配列した炭素原子の積層した構造を取るが，図 14・13（a）のように，その一原子層をグラフェンと呼ぶ．また，そのグラフェンを円筒状に丸めた構造がカーボンナノチューブである（図 14・13（b））．一方，グラファイト，グラフェン，カーボンナノチューブは，いずれも炭素原子が六角形（六員環）に並んだ平面構造を取るが，その一部を五員環に置き換えて凸状の曲率上に炭素原子が配列し図 14・13（c）のような球状の分子を形成するものをフラーレンという．これらの同素体は**ナノカーボン材料**とも呼ばれている．

---

*1　2010 年ノーベル物理学賞の対象

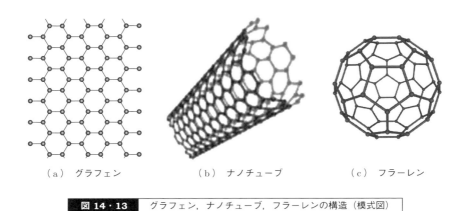

(a) グラフェン　　　　(b) ナノチューブ　　　　(c) フラーレン

図 14・13　グラフェン，ナノチューブ，フラーレンの構造（模式図）

〔1〕フラーレン

フラーレンは，炭素原子が球面上に配列し閉局面を形成する．一般に，六角形と五角形とで閉曲面を作る場合，オイラーの定理より五角形の数は 12 と決まるが，六角形の数は任意となる．すなわち，20 個の炭素で五員環のみからなる閉局面も理論的に許されるが，これまで実際に単離，同定された最小のフラーレンは，60 個の炭素からなる C_{60} である．C_{60} は，20 個の六員環と 12 個の五員環とからなるサッカーボールと同じ構造をしており，I_h の点群に属し 60 個の炭素はすべて等価である．C_{60} のほか，これまで単離され構造が同定されているフラーレンに，C_{70}，C_{76}，C_{78}，C_{84} などがある．これらを**高次フラーレン**と呼ぶ．

C_{60} は，最初，真空下でグラファイトにレーザ光を照射して蒸発させることによって作製された．しかしながら，この方法では微量の C_{60} しかできない．その後，さまざまな合成法が提案されたが，工業的には，数十 kPa のヘリウムガス中で炭素棒に電流を流しアーク放電を起こすことにより大量合成されている．

〔2〕グラフェン

図 14·14 (b) のように炭素原子が二次元平面上に蜂の巣状に並んでいるものを**グラフェン**と呼ぶ．このグラフェンが積層したグラファイトは古くからさまざまな分野に応用されている．しかし，炭素原子の二次元構造を一層だけ取り出すことは，理論的にも不安定で困難とされていた．しかし，2000 年に簡便な方法により比較的容易に安定なグラフェンを剥離することが可能であることがわかり，

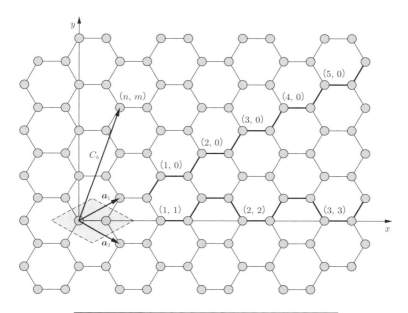

図 14・14 グラフェンにおける炭素原子の周期構造

その後,その興味深く,しかも優れた諸物性が注目されている.

グラフェンの特異な電子状態を考えてみる.炭素原子の並びは,たとえば,点線で囲まれた菱形を基本単位格子と考え,基本並進ベクトルを $\boldsymbol{a}_1$,$\boldsymbol{a}_2$ とおくことができる.ここで,図 14・14 のように座標系を置くと,基本並進ベクトルは

$$\boldsymbol{a}_1 = \left(\frac{\sqrt{3}}{2}a, \frac{1}{2}a\right), \quad \boldsymbol{a}_2 = \left(\frac{\sqrt{3}}{2}a, -\frac{1}{2}a\right) \tag{14・6}$$

と表すことができ,任意の格子点は,格子ベクトルを $n\boldsymbol{a}_1 + m\boldsymbol{a}_2$ で表し,(n, m) と表現できる.ここで,a は基本並進ベクトルの大きさであり,結合する炭素間の距離 $a_{c\text{-}c} = 1.42\,\text{Å}$ から,$a = \sqrt{3}a_{c\text{-}c} = 2.46\,\text{Å}$ である.このように座標系をおいた場合の逆格子空間は,**図 14・15** (a) のようになる.

この座標系をもとにして強く束縛された近似で,フェルミエネルギー近傍の電子状態を計算すると,図 14・15 (b) のように K 点において価電子帯と伝導帯がつながっていることがわかる.しかも,K 点近傍では,$k\text{-}\varepsilon$ の分散関係が線形で常に群速度と位相速度が一致して大きさが一定となる.この円錐状のバンド構造を**ディラックコーン** (Dirac cone) と呼び,K 点を**ディラック点** (Dirac point) と呼

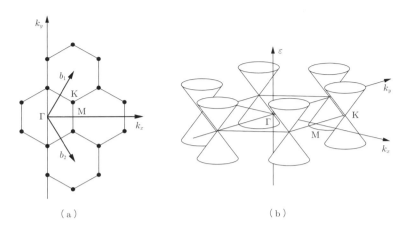

(a) (b)

図 14・15 グラフェンの逆格子と電子状態

ぶことがある．これは，通常の二次元電子系はバンドが放物関数となるが，グラフェンでは線形となり，これが質量をもたない相対論的な粒子の運動を記述するディラックの波動方程式に基づく結果と類似していることによる．

グラフェンでは，上記の特異な電子状態に基づいて，非常に高い移動度，半整数量子ホール効果と呼ばれる特異な量子ホール効果，極めて大きな反磁性など，興味深い特性を示す．

〔3〕カーボンナノチューブ

図 14・14 に示したグラフェンのシートを円筒状に丸めたものが**カーボンナノチューブ**である．円筒が一重のものを**単層カーボンナノチューブ**，複数の円筒が積み重なったものを**多層カーボンナノチューブ**と呼び，単層カーボンナノチューブの直径は 1 nm 程度である．

カーボンナノチューブの性質は，グラフェンシートから円筒をどのように巻くかに依存する．図 14・14 の $\boldsymbol{C}_h = n\boldsymbol{a}_1 + m\boldsymbol{a}_2$ で示されるカイラルベクトルの始点と終点とが重なるように円筒を作ったとき，(n, m) で円筒の巻き方が定義でき，それによってカーボンナノチューブは 3 種類に分類できる．$m = n$ のときをアームチェア形，$m = 0$ のときをジグザグ形，その他の場合をカイラル形と呼ぶ．

カーボンナノチューブの電気的性質は，(n, m) に依存する．$2n + m$ が 3 の倍数

のとき，金属的になり，それ以外のときは半導体となる．すなわち，$m = n$ であるアームチェア形は常に金属的な性質を示す．また，電気的性質のほか，カーボンナノチューブは優れた機械的特性を示す．ヤング率は 10^9 Pa オーダであり，鋼の 5 倍以上である．

電子デバイスへの応用としては，ナノサイズのトランジスタ，酸化インジウムに代わる透明電極，バルクに対する表面の割合が大きいことを利用した高感度ガスセンサやバイオセンサ，微小プローブ電極など，さまざまな応用が検討されている．

カーボンナノチューブの合成方法としては，アーク放電法，レーザ蒸着法，熱 CVD（化学気相成長）法，プラズマ CVD 法などがある．

演習問題

1 式 (14·2) から，二つの波長の異なるレーザ（連続光源）を用いて，テラヘルツ電磁波（連続波）を発生させる方法を述べよ．また，一方のレーザの波長を 800 nm としたとき，1 THz のテラヘルツ電磁波を発生させるためのもう一方のレーザの波長を求めよ．

2 テラヘルツ波発生用の結晶について，重要な物性値を理由を付けて述べ，適切な材料を 2，3 あげよ．

3 フラーレンの特徴を述べよ．

4 グラフェンの特徴を述べよ．

5 カーボンナノチューブの特徴を述べよ．

15章 電気電子材料の主な評価方法

電気電子材料を理解する上で，各材料がもつ代表的な性質を調べることが不可欠であり，本章では，電気電子材料を評価する主な方法の概要について学ぶ．

たとえば，電圧（電流）の印加（注入），あるいは，光・X線（電磁波）や電子・イオン（粒子）の照射により，それぞれ，たとえば，電流（電圧）の発生・変化，あるいは，新たな電磁波や粒子の放出などが生じる．電気電子材料の性質や構造の評価は，このように対象の材料に何らかの励起を加え，それに伴う何らかの変化（応答）をできるだけ定量的に計測することにより行われる．

15・1 X線回折による結晶性評価

結晶を構成する原子は極めて小さく，不確定性原理により光学顕微鏡などを用いて，倍率を大きくしても，直接観察することは不可能である．しかし，原子配列にその周期と同程度である空間波長をもつ波動を用いることにより，配列状況を観察することができる．本節では，X線による結晶性の評価について述べる．X線は，1895年に**レントゲン**（Röntgen）によって発見され，未知の光線として，X線と名付けられた．1912年に，ラウエにより，結晶によるX線の回折理論が提案され，結晶の構造に関する研究に新生面が開かれた．同じ年，**ブラッグ父子**（W. H. Bragg, W. L. Bragg）によりX線を用いて結晶の構造を研究する方法が確立された．

X線は，電子を電界で加速して，金属ターゲットに衝突させることにより発生する．このとき，**制動放射**（bremsstrahlung）による連続した波長をもつ連続X線あるいは**白色X線**（white X-rays）と，複数の離散的な波長をもつ強い強度のいくつかの**特性X線**（characteristic X-rays）が放射される．結晶構造の解析に

は $K\alpha_1$ 線と呼ばれる特性 X 線が用いられ，特によく用いられるのが銅の $K\alpha_1$ 線（波長は 0.15406 nm）である．

単位格子中に M 個の原子があるとき代表格子点からみた i 番目の原子の位置を r_i' とする．結晶の大きさを有限とし，$\boldsymbol{a}, \boldsymbol{b}, \boldsymbol{c}$ の各方向に単位格子がそれぞれ N_1, N_2, N_3 個があるとする．今，波長 λ の入射 X 線の波動ベクトル $\boldsymbol{k}_0$ ($|\boldsymbol{k}_0| = 2\pi/\lambda$) が結晶に入射するとき，$\boldsymbol{k}_0$ と 2θ の角度をなす $\boldsymbol{k}$ ($|\boldsymbol{k}| = 2\pi/\lambda$) の方向に散乱される X 線の強度 I は

$$I = I_e \left| \sum_{i=1}^{M} e^{j\boldsymbol{K}\cdot\boldsymbol{r}_i'} f_i(\boldsymbol{K}) \right|^2 \frac{\sin^2 \frac{N_1 \boldsymbol{K}\cdot\boldsymbol{a}}{2}}{\sin^2 \frac{\boldsymbol{K}\cdot\boldsymbol{a}}{2}} \frac{\sin^2 \frac{N_2 \boldsymbol{K}\cdot\boldsymbol{b}}{2}}{\sin^2 \frac{\boldsymbol{K}\cdot\boldsymbol{b}}{2}} \frac{\sin^2 \frac{N_3 \boldsymbol{K}\cdot\boldsymbol{c}}{2}}{\sin^2 \frac{\boldsymbol{K}\cdot\boldsymbol{c}}{2}}$$

$$\equiv I_e |F(\boldsymbol{K})|^2 L(\boldsymbol{K}) \tag{15・1}$$

となる．ただし，$\boldsymbol{K} = \boldsymbol{k} - \boldsymbol{k}_0$ である．$f_i(\boldsymbol{K})$ は i 番目の原子の**原子散乱因子**（atomic scattering factor）と呼ばれ，結晶を構成する原子の原子番号が大きいほど X 線の散乱強度が強い．また $f_i(\boldsymbol{K})$ は θ が増加すると減少する．$F(\boldsymbol{K})$ は，単位格子中の原子の種類，個数，位置に依存し，結晶の構造を反映するので，**結晶構造因子**（crystal structure factor）と呼ばれる．$L(\boldsymbol{K})$ は**ラウエ関数**（Laue function）と呼ばれ，$\boldsymbol{K}\cdot\boldsymbol{a} = 2\pi h$, $\boldsymbol{K}\cdot\boldsymbol{b} = 2\pi k$, $\boldsymbol{K}\cdot\boldsymbol{c} = 2\pi l$ が同時に満足され，N_1, N_2, N_3 が極めて大きいとき極大値 $N_1^2 N_2^2 N_3^2$ の鋭いピーク極大を示す．ただし h, k, l は整数であり，ミラー指数 (hkl) に一致する．これは，**ラウエの回折条件**（Laue diffraction condition）と呼ばれ，$\boldsymbol{k}$ 方向の散乱が強くなる必要条件である．θ を変化させて回折される X 線の強度を測定するとラウエの回折条件が満たされるとき，強度の強い散乱 X 線が観測され**回折ピーク**（diffraction peak）と呼ばれる幅の狭いガウス（Gauss）曲線のようになる．ラウエの回折条件が満たされるとき

$$\frac{|\boldsymbol{K}_{hkl}|}{k} = \frac{2\pi/d_{hkl}}{2\pi/\lambda} = \frac{\lambda}{d_{hkl}} = 2\sin\theta \equiv 2\sin\theta_{hkl} \tag{15・2}$$

となる．すなわち，$2 d_{hkl} \sin\theta_{hkl} = \lambda$ なる関係が得られる．ただし，d_{hkl} は格子面間隔である．この関係は，**ブラッグ条件**（Bragg condition）と呼ばれ，X 線が図 15・1 に示すように，(hkl) 面に対して角度 θ_{hkl} で入射すると，散乱波の強度が最も強くなるのは角度 θ_{hkl} で散乱される場合であることを示している．θ_{hkl} は測定可能であるので，ブラッグ条件より，d_{hkl} が求められる．$|\boldsymbol{K}_{hkl}| = 4\pi \sin\theta_{hkl}/\lambda \leqq 4\pi/\lambda$ であるから，この関係を満たす $\boldsymbol{K}_{hkl}$ のみについてのみ回折ピークが得られ，より多くの回折ピークを得たい場合には，λ を小さくする必要がある．

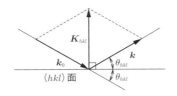

図 15·1 $K_{hkl} = k - k_0$ と結晶の (hkl) 面の幾何学的な関係

　単結晶，多結晶体，それらの粉末を押し固めたものなどが試料として用いられる．回折ピークの半値全幅（full-width at half maximum，FWHM）は極大値の半分の値における回折ピークの幅であり，式 (15·1) より単結晶粒が小さくなるほど半値全幅は大きくなる．単結晶粒の直径が $0.1\,\mu m$ 以下であれば，以下の**シェラーの式**（Scherrer equation）を用いることにより近似的にその直径 D を求めることができる．

$$D = \frac{K\lambda}{\text{FWFM}\cos\theta} \tag{15·3}$$

ただし，K はシェラーの定数と呼ばれ，0.5〜1 程度の値である．

　X 線は波動であり，振幅と位相をもつが，X 線の測定は検出器による強度測定のみが可能である．しかし，構造因子は複素数であり，それを決定するためには位相の測定が必要であるが，X 線について位相を測定することは不可能であり，構造因子を直接決定することが不可能である．構造因子を間接的に決定する方法の一つとして，まず構造因子を仮定し，実験値と比較して，最もよく一致するものを選択する方法がある．

15·2 ホール効果による電気的評価

　一様な磁界中に結晶を置き電流を流すとき，電流と磁界に垂直な方向に電界が生じる現象がホール（E. H. Hall）により発見され**ホール効果**（Hall effect）と呼ばれる．いま，図 15·2 に示すように直方体形状の試料に電極を取り付け直流あるいは低周波数の電流 I を x 方向に流すとき結晶内に電界 E が発生する．さらに結晶に磁束密度 B を印加したとき，電流の電荷量 q の各キャリヤに以下の**ローレンツ力**（Lorentz force）

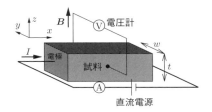

図 15・2 ホール効果測定法（模式図）

$$F_L = qE + q(v \times B) \tag{15・4}$$

が働く．v はキャリヤの運動の速度である．電流密度 J は電流を流すために印加する電界 E により $J = \sigma E = qnv$ と表される．ただし σ は結晶の導電率である．z 方向に B を印加するとキャリヤは $qnv \times B$ なる力を y 方向に受け，y 方向の電流密度成分 J_y が生じ定常状態となるとき y 方向にホール電界 E_y が生じる．E_y は次のキャリヤの運動方程式を用いて求められる．

$$m\frac{dv}{dt} + \frac{m}{\tau}v = qE + qv \times B \tag{15・5}$$

ただし，τ はキャリヤの散乱の緩和時間，$v = (v_x, v_y, 0)$，$E = (E_x, E_y, 0)$，$B = (0, 0, B)$ である．定常状態では $dv_x/dt = 0$，$v_y = 0$ である．これよりホール電界 E_y は

$$E_y = \frac{\tau q}{m}\frac{J_x}{nq^2\tau/m}B \equiv R_H (J \times B)_y \tag{15・6}$$

となる．ホール電界 E_y は磁束密度と電流に比例し，その比例係数 R_H は**ホール係数**（Hall coefficient）と呼ばれ，磁束密度が小さく，キャリヤが単一種で τ がエネルギーに依存しない自由電子モデルでは電荷量 q とその濃度 n の積の逆数 $1/(qn)$ に等しい．このときキャリヤが電子であれば，R_H は負の値をもち，正孔（満ちているバンドの有効質量が負，電荷が負の電子の抜け殻）であれば，正の値をもつ．したがって，R_H の符号によりキャリヤの種類を決める手がかりが与えられる．

ホール効果の測定に用いられる試料の形状として，**図 15·3** (a) のような形状をもつホールバーがある．グレーで示した部分が被測定部である．端子 A，B は電流端子であり，端子 C，D がホール電圧を測定するためのホール端子である．端

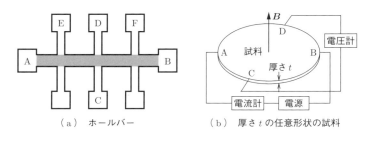

(a) ホールバー　　　(b) 厚さ t の任意形状の試料

図 15・3　ホール効果測定用の試料形状と測定端子

子 E, D 間に発生する電圧を測定することにより試料の抵抗率 ρ も測定可能である．ホール電圧 V_H を測定する際，ホール端子において正確なホール電圧の結果のみでなく不要な電圧も含まれているが，測定系における電流と磁界の向きの四つの組合せにより取り除くことができる．

もし，図 15・3 (a) のように試料を加工するのが困難であれば，図 15・3 (b) に示すように任意形状の薄い平板試料（厚さ t）に電流端子とホール端子を設けてホール電圧 V_H を測定することが可能である．端子 A,B と端子 C,D が直交している場合，端子 A, B 間に電流 I_{AB} を流して B を印加したとき端子 C, D 間の電圧 $V_{CD}(B)$ と $B=0$ の場合の電圧 $V_{CD}(0)$ を差し引いた $\Delta V_{CD} = V_{CD}(B) - V_{CD}(0)$ が V_H となる．そのときホール係数 R_H は

$$R_H = \frac{(\Delta V_{CD}/I_{AB})t}{B} \tag{15・7}$$

となる．一方，図 15・3 (b) において端子 A, C に電流 I_{AC} を流し，端子 B, D に生じる電圧 V_{BD} を測定し $R_1 \equiv V_{AC}/I_{BD}$ とし，また端子 C, B に電流 I_{CB} を流し，端子 D, A に生じる電圧 V_{DA} を測定し $R_2 \equiv V_{DA}/I_{CB}$ とすることにより，試料の抵抗率 ρ を以下の式を用いて算出できる．

$$\rho = \frac{\pi t}{\ln 2} \frac{R_1 + R_2}{2} f\left(\frac{R_1}{R_2}\right) \tag{15・8}$$

ただし，$f(R_1/R_2)$ は補正係数であるが，適切な電極配置により，良い近似で $f \cong 1$ となる．このような方法を**ファンデアポー**（van der Pauw）**法**という．

図 15・3 に示す試料に B を印加することにより抵抗率 ρ の B 依存性により磁気抵抗効果を調べることができる．

15・3 光学的評価

吸収・発光スペクトルを測定する分光法により，材料の電子状態や結晶構造，分子配列などの情報を得ることができる．その際，状態遷移の種類や測定に用いる光の波長，すなわちエネルギーなどによって得られる情報が異なる．以下では，代表的な分光法を説明する．

〔1〕紫外・可視吸収分光法

媒質中を伝播する単色光の強度は光吸収や散乱などを受けると指数関数的に減衰する．今，厚さ d の均質な媒質に，強度 I_{in} の光が入射して直進し，出射時の強度を I_{out} とするとき

$$A = -\log \frac{I_{\text{out}}}{I_{\text{in}}} = \alpha c d \tag{15・9}$$

は**吸光度**（光学純度）（absorbance, optical density）と呼ばれる．ここで，c は媒質が溶液の場合の濃度であり，固体の場合1と考えればよい．A は媒質の厚さ d と濃度 c にそれぞれ比例し，前者を **Lambertの法則**，後者を **Beerの法則** とよぶ．いま，媒質の表面や界面での反射，媒質中での散乱や回折などがないとすると，c を〔g/ℓ〕で表したとき α は媒質の**吸収係数**（absorption coefficient）と呼ばれ，〔mol/ℓ〕で表すとき α の代わりに ε を用いて**モル吸光係数**（molar absorption coefficient）と呼ぶ．吸収係数の大きさは，物質の電子遷移の遷移モーメントの大きさに対応し，吸収波長が電子準位間のエネルギーを表している．

吸光度を測定するための分光測定装置は，光源，分光器，検出器から構成され，いずれも，測定波長によって効率や感度が異なるため，最適なものを使い分けて用いる．たとえば，光源としては，紫外域には重水素放電ランプ（波長：180～400 nm）を用い，可視域から近赤外域まではタングステンランプ（波長：350～3000 nm）を用いることが多い．検出器としては，Si フォトダイオード（190～1100 nm），InGaAs フォトダイオード（900～1800 nm），PbS 光導電素子（1000～3200 nm），光電子増倍管（185～900 nm）などが用いられる．吸収スペクトルの特性を左右する主な要因は，波長分解能である．波長分解能は主に分光器の性能とスリット幅に左右され，格子間隔が小さく焦点距離が長い回折格子を用い，スリット幅を狭くすることにより波長分解能は高くなる．

〔2〕蛍光分光法

ルミネセンス（luminescence）は，物質の発光機構の一つであり，何らかの刺激によって励起状態を誘起し，そこから低いエネルギー準位への遷移に基づく発光現象である．したがって，ルミネセンス測定から材料の励起電子状態に関する情報を得ることができる．

励起状態を実現する方法によって種々のルミネセンスが存在するが，電子材料の物性解明によくもちいられるものに，**フォトルミネセンス**（photoluminescence），**カソードルミネセンス**（cathodoluminescence）がある．フォトルミネセンスは，光照射により励起状態を実現するものであり，一般に吸収波長帯域内の波長の光を励起に用いる．また，蛍光波長を固定して励起波長を走査して励起スペクトルを測定することにより，励起機構の解析が可能となり，さらに，励起光源としてパルスレーザなどを用いることにより，蛍光寿命の測定も可能であり励起電子状態の解析に用いられる．

一方，カソードルミネセンスは，電子線の照射により励起状態を実現するもので，多くの場合，走査形電子顕微鏡（SEM）と組み合わせて測定できる．特徴は，励起用の電子を数 nm の微小領域に絞ることが可能であり高い空間分解能での観察が可能である．また，二次元画像として情報を得ることが可能である．バンド間遷移に基づく直接発光のほかに，欠陥準位に由来する束縛励起子発光も観測され，欠陥，不純物，粒界などの分布の評価などに用いられる．

〔3〕赤外吸収分光法

紫外・可視吸収分光法が，電子遷移に基づく光の吸収を調べるものであるのに対して，赤外吸収分光法は，図 15·4 に示すように原子や分子の振動準位間の遷移を調べる方法である．振動準位の遷移エネルギーは分子構造により異なる．すなわち，原子の種類，原子間の結合の種類（一重結合，二重結合など），振動モード（伸縮振動，変角振動など）により遷移エネルギーが異なることから，赤外吸収分光法は，有機分子の構造決定に広くもちいられる．ただし，後述するラマン散乱と異なり，赤外吸収は，双極子モーメントの変化を伴う原子振動に対して活性であり，O-C-O 対称伸縮振動のように双極子モーメントが誘起されない場合には吸収は起こらない．赤外吸収スペクトルでは，慣例として横軸をエネルギーに対応する波数（cm^{-1}）で記述し，一般に $600 \sim 4000\,cm^{-1}$ の範囲で表示することが多い．

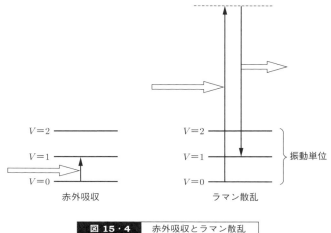

図15・4 赤外吸収とラマン散乱

測定に用いる装置は，紫外・可視吸収分光装置と同様に回折格子などを用いる分散形と，マイケルソン干渉計を用いたフーリエ変換形赤外吸収分光装置（FT-IR）があるが，感度，S/N 比が高く波数分解能で優れた FT-IR が広く用いられる．

〔4〕ラマン分光法

原子や分子の運動状態に関する情報を得る方法に**ラマン分光法**がある．物質に振動数 ν_0 のレーザ光を照射したとき，進行方向とは異なる方向へ散乱される光の振動数を調べると，ν_0 以外に $\nu_0 \pm \nu_R$ の振動数の光が観測されることがある．入射光と同じ振動数の散乱を**レイリー散乱**（Rayleigh scattering），$\nu_0 \pm \nu_R$ の振動数の散乱を**ラマン散乱**（Raman scattering）と呼び，特に，$\nu_0 - \nu_R$ の成分を**ストークス散乱**（Stokes scattering），$\nu_0 + \nu_R$ の成分を**アンチストークス散乱**（anti-Stokes scattering）と呼ぶ．また，入射光の振動数 ν_0 からのずれ $\pm\nu_R$ を**ラマンシフト**（Raman shift）と呼び，物質固有の運動状態のエネルギー準位に関係しており，これから原子，分子の運動を調べるものがラマン分光法である．特に，液体や固体では，おもに振動運動に起因するラマンシフトが観測される．

ラマン散乱で得られる振動情報は赤外吸収分光で検出されるものと同じであるが，検出できる振動モードは多くの場合相補関係にある．すなわち，赤外吸収では，一般に C=O や O-H のように対称性が低く電荷の偏りによって双極子モーメ

ントの変化する振動モードを強く吸収するのに対して,ラマン散乱では,C-C や C=C のように,対称性が高いモードが強く散乱される.ラマン散乱の強度は,レイリー散乱に比べて $1/10^6$ と極めて小さく,しかも波長シフトが可視光領域で数十 nm しか離れていないため,測定は容易ではない.そのため,ラマン分光の測定には,単色性の高いレーザ光を入射光として用い,散乱光を入射光と分離するために,ノッチフィルタなどの超狭帯域フィルタと分光器との併用や,迷光の少ないダブルあるいはトリプルグレーティング分光器などを用いる.

15・4 微細構造評価

エネルギーや位置の制御性がよい電子をビーム(電子線)として試料に照射すると,その電子と固体との相互作用により,種々の電子や電磁波(光,X 線)などによるさまざまな信号が発生される(**図 15·5**).それらの信号には試料の構成元素に対する依存性が比較的少ない二次電子や,各構成元素に特有な特性 X 線やオージェ電子が含まれる.検出信号源を電子とする代表的な微細構造評価手法には,主として表面形状を観察する走査(形)電子顕微鏡法(Scanning Electron Microscopy,SEM)(図 15·5(a)),薄い試料の内部を観察する透過(形)電子顕微鏡法(Transmission Electron Microscopy,TEM)や走査透過(形)電子顕微鏡法(Scanning TEM,STEM)(同図(b))などがある.

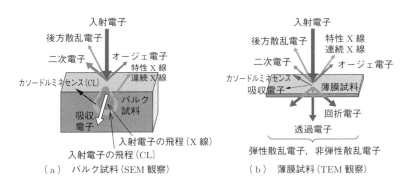

図 15・5 電子線を試料に照射した場合の各種信号(概念図)

〔1〕走査（形）電子顕微鏡法

　十分収束された電子を電圧 1～30 kV で加速し試料に照射し，その照射位置を二次元的に周期的に走査しながら，試料から放出される二次電子強度（の増幅された信号）を照射位置の関数として明暗などの表示信号に変えることより SEM 像を形成する（**図 15·6**）．試料表面から放出される二次電子は，表面近傍で生じたものが支配的であるため，その放出量は主としてエッジ効果と呼ばれる試料表面の凹凸の急峻性に依存し，試料の表面形態の情報が主として得られる．一方，SEM は光学顕微鏡（OM）に比べ焦点深度が深いため，立体感のある像を得やすい．SEM の空間分解能は電子線のビーム径（空間分布）に強く依存し，最も高分解能の SEM の場合，1 nm 程度である．

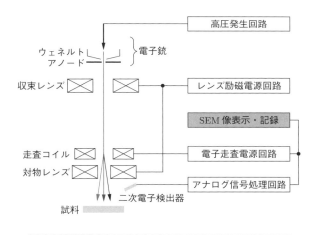

図 15·6　走査形電子顕微鏡（SEM）の基本構成例

　他方，導電性がない試料に対しては，試料の帯電を防ぐため，金属や炭素の極薄膜（厚さ数 nm 程度）コートなどによる導電処理が必要となる．また，観察対象は真空装置に入れられる試料のみに限定されるが，低真空（10～3 000 Pa）下で観察可能な環境制御形 SEM も開発されている．さらに，入射電子線を走査しながら試料から放出される特性 X 線のエネルギーと強度とを計測することにより，表面層における元素分布の二次元像が得られる．ただし，元素マッピング（二次元像）の分解能は，表面層中の散乱による入射電子の空間分布の拡がりのため，入

射ビームのサイズでほぼ決まる SEM 像の分解能に比べ，かなり低下する．

〔2〕透過（形）電子顕微鏡法

電圧 E〔V〕で加速された相対論的に運動する電子の（ド・ブロイ）波長 λ_e は

$$\lambda_e = \frac{h}{\sqrt{2m_0 eE\left(1 + \frac{eE}{2m_0 c^2}\right)}} \tag{15・10}$$

で与えられる．ここで，h はプランク定数，m_0 は電子の静止質量，e は電子の電荷（絶対値），c は光速である．通常 TEM で使用される電子の加速電圧は 50〜200 kV であり，波長 0.054〜0.025 Å（章末の問題参照）の電子波による顕微鏡像が TEM 像である．TEM 像観察の場合，基本的には像の不鮮明化の原因となる試料中における電子波の波長変化（エネルギー損失）が生じないことが肝要である．このため，TEM 観察試料は十分薄くする必要があり，厚さ数十 nm の試料作製技術が TEM 評価法での重要な位置を占めている．

TEM 像のコントラストは試料中の静電ポテンシャルによる入射電子の散乱や回折，およびレンズの絞りなどに支配される．電子の散乱や回折によるコントラストは，試料中の物の有無，原子や結晶構造の相違，試料の傾斜，格子の歪や積層欠陥などの情報を与える．TEM 像には，透過波のみの結像により得られる明視野像（図 15·7 (a)），選択した特定の回折波のみの結像により得られる暗視野像（同図 (b)），および入射波と回折波との結像により得られる格子像（試料が結晶の場合）がある．結晶試料の高分解能 TEM 像では周期的な原子配列が議論され，分解能 ≈ 0.5 Å（@300 kV）を有する最先端 TEM 装置も市販されている．

〔3〕走査透過（形）電子顕微鏡法と分析電子顕微鏡

TEM と同様な極薄試料に電子波を走査しながら照射し，入射透過波と透過回折波とで構成される透過電子波の強度を測定し，SEM と同様にマッピングしたものが STEM 像である．STEM の場合，TEM とは異なり nm サイズ以下に絞った電子線を照射し結像するため，TEM に比べより広い立体角で散乱（回折）電子を収集でき，高いコントラストの暗視野像が得られる．市販の最先端 STEM 装置の分解能は，≈ 0.63 Å（@300 kV）に達している．

分析電子顕微鏡法（Analytical Electron Microscopy, AEM）は収束電子線を照

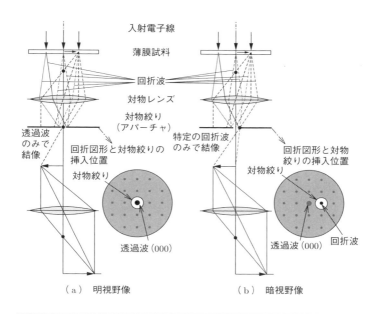

図 15・7 透過形電子顕微鏡の明視野像と暗視野像の結像原理（概念図）

射した試料から発生する各種の粒子線，X線や光などをエネルギー分析することにより，試料内の元素や電子状態などが入射ビームサイズ程度の二次元分解能で解析できる（その理由は，薄膜試料中での電子散乱による面内（入射方向に垂直な面内）での高エネルギー電子線のビーム径の広がりが，SEMの場合に比べ，十分小さいためである）．たとえば，放出X線のエネルギーと強度，あるいはエネルギー損失した透過電子のエネルギー損失量とその強度などを調べることにより，特性X線の種類・強度や特徴的な電子状態の励起強度に関する局所的な情報が得られ，プローブ化した電子線の走査により，試料内の元素や電子状態の二次元マッピングがビームサイズ程度の二次元分解能で得られる．

〔4〕走査（形）プローブ顕微鏡法

探針を試料表面に近づけ機械的にその位置を走査し，探針から得た情報から像を得る顕微鏡法は，総称して走査形プローブ顕微鏡法（Scanning Probe Microscopy, SPM）と呼ばれており，その代表的なものに，走査（形）トンネル顕微鏡法（Scanning Tunneling Microscopy, STM），原子間力顕微鏡法（Atomic Force Microscopy, AFM），

走査(形)近接場光学顕微鏡法(Scanning Near-field Optical Microscopy, SNOM)などがある.

STM の場合は,図 15・8 にその概念図を示すように,導電性試料の表面に導電性探針を近接させ,試料と探針との間に電圧を印加すると,微弱な電流が流れる量子力学的トンネル効果を活用した顕微鏡であり,探針の二次元(x-y 面)走査や探針の試料表面からの距離(z)の制御は専用の圧電素子を使用して行われる.トンネル電流は距離に鋭敏なため,トンネル電流,すなわち探針–試料間距離を一定にするように探針の z 方向の位置を制御しながら,探針を x-y 面内で走査すれば,表面形状の二次元マッピングが得られる.

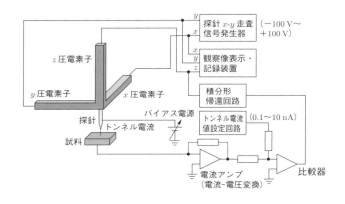

図 15・8 走査形トンネル顕微鏡の構成例(概念図)

AFM の場合は,カンチレバーと呼ばれる微細加工した微小な板ばねの先に,非常に先鋭な探針(先端の曲率半径が数十 nm 以下)があり,試料表面とこの探針との間に働く力をカンチレバーの曲がり具合を測定することにより検出しながら,圧電素子により二次元走査することにより,力の二次元像を得ている.したがって,力(の信号)を一定にするように z 方向の位置(高さ)を制御しながら,二次元走査することにより,試料の三次元的微細形状像が得られ,試料面に垂直方向の AFM の分解能は,典型的には 0.01〜0.05 nm である.STM とは異なり AFM の場合は,原理的には試料の導電性などの制限はないが,表面原子の区別は困難であるといわれていた.しかし,微小ながら表面原子に依存する原子間力を詳細

に解析することにより，最先端 AFM では原子による違いも区別できる装置が開発されている．

一方，観測対象の力を磁気力や摩擦力などに代えると，それらの二次元像が得られる．その他の SPM として，表面の磁気力に基づく磁気力顕微鏡，表面の仕事関数の情報が得られるケルビン（プローブ）フォース顕微鏡，あるいは液中における電気化学反応に関する情報を得るための電気化学顕微鏡などもある．

15·5 元素分析

試料中に含まれる元素分析には種々の方法が用いられるが，その代表的なものを以下に述べる．

〔1〕蛍光 X 線分析法（X-Ray Fluorescence spectrometry，XRF）

図 15·9（a）に示すように，X 線照射により試料内原子の内殻準位に正孔が形成されると，その緩和過程（同図（b））でその原子に特徴的なエネルギー（波長）の特性 X 線（同図（c））が放出される．このようにして発生した特性 X 線は蛍光 X 線と呼ばれる．蛍光 X 線の発生確率が既知であるため，そのエネルギー（波長）や強度から，試料の構成元素やその組成比などを解析する分析法が XRF である．

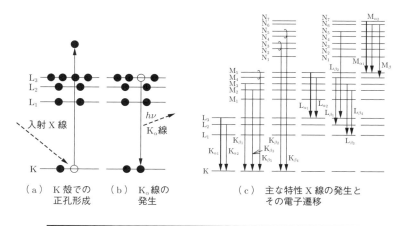

図 15·9　内殻正孔の緩和過程における特性 X 線発生（概念図）

市販の汎用装置では，分光結晶により波長を分析する波長分散形の場合，測定可能元素は $_4$Be から $_{92}$U までで，照射 X 線のビームサイズに依存する最小分析径は 0.5 mm 程度である．X 線照射位置の走査により，組成の二次元的分布を調べることもできる．実験室レベルの市販汎用装置では，波長分散形の場合，検出光学系の適正化により，その二次元位置分解能は 0.1 mm 程度となっている．一方，半導体 X 線検出器を用いて X 線のエネルギーの違いを直接分析するエネルギー分散形の場合，エネルギー分解能は波長分散形に比べかなり低下するが，測定が容易であり計測時間が短縮され装置全体も小形化できる．

〔2〕誘導結合プラズマ分析法（Inductively Coupled Plasma, ICP）

ICP は，誘導結合により発生させたアルゴンプラズマを用いて，溶液化した試料（試料溶液）の励起やイオン化を行う化学分析である．プロセス中に観測される発光スペクトル（**図 15·10**（a））や生成されたイオンの質量スペクトル（同図（b））の分析により，試料中の多くの含有元素に対して元素の種類の同定とその濃度を調べることができる．

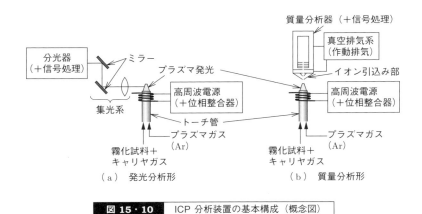

図 15·10 ICP 分析装置の基本構成（概念図）

同図（a）の場合は，発光波長と発光強度の測定に基づく分析法であるため，誘導結合プラズマ発光分析法（ICP Atomic Emission Spectrometry, ICP-AES）と呼ばれ，その検出感度は 1～100 ppb 程度で，定量可能濃度範囲は数百 ppb～数十 ppm である．

一方同図（b）の場合は，イオンの質量とその量の計測に基づくため誘導結合プラズマ質量分析法（ICP Mass Spectrometry, ICP-MS）と呼ばれる．**表 15·1** に示すように，その検出感度は ICP-AES に比べ 1～4 桁高く，0.1～100 ppt 程度であり，特に高質量域で優れており，それらの定量可能な濃度範囲は数十 ppb～数 ppm に及ぶうえ，同位体分析や固体試料の直接分析もできる．

表 15·1 誘導結合プラズマ（ICP）分析法における検出限界値の例

検出元素	発光分析法（ICP-AES） 検出限界値〔ppb〕	質量分析法（ICP-MS） 検出限界値〔ppb〕	質量数
B	3.2	0.1	11
Mg	0.1	0.03	24
Al	15	0.04	27
Ce	32	0.004	140
W	20	0.01	182
Au	11	0.007	197
Hg	17	0.04	202
Pb	28	0.02	208
Bi	23	0.003	209
Th	43	0.004	232
U	170	0.002	238

〔3〕二次イオン質量分析法（Secondary Ion Mass Spectrometry, SIMS）

図 **15·11** に示すように，固体試料に照射されたイオン（一次イオン）は弾性散乱により試料中の原子にエネルギーを与えると反跳された原子は更に他の原子と衝突し，同様な過程が繰り返される（カスケード衝突）．この過程で表面束縛エネルギーよりも大きなエネルギーを得た表面近傍の原子は試料表面から確率的に放出される（スパッタリング）．跳び出した（スパッタされた）粒子の大部分は電気的に中性であるが，一部（0.01～1%程度）イオン化されている．そのイオン（二次イオン）を加速し，電磁気的に質量分析することにより，試料の表面近傍の元素組成を調べる方法が SIMS 測定の原理である[1]．SIMS は，原理的に破壊分析で

---

[1] 飛行時間計測により質量分析する飛行時間形 SIMS もある．

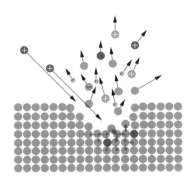

図 15・11 （正）イオンによるスパッタリング過程（概念図）
矢印（黒）：速度；矢印（灰）：エネルギー伝達，＋：正イオン，−：負イオン，
e：電子，●：構成原子，●：入射粒子（＋− がないものは中性）

あるが，同位体の区別を含め全元素の定量分析が可能で ppm～ppb レベルの高感度で検出できる上，入射（一次）イオンを絞りプローブ化すれば局所分析でき，試料の連続的なスパッタリングにより深さ方向の連続的な元素組成データ（深さプロファイル）が得られるため，広く利用されている．

典型的な SIMS 測定では，一次イオンとして，数百 eV～数十 keV のエネルギーの O_2^+，Cs^+，Ga^+ などを用い，二次イオンは正イオンと負イオンがあるため適切に組み合わせて検出する．**表 15・2** に，典型的な例として Si 結晶中の不純物に対する検出限界を示す．SIMS 測定で検出される特定元素の二次イオン強度は，その元素の試料中濃度が小さい場合には，その元素濃度と一次イオン電流と（の積）に比例する．しかし，複雑な散乱過程を経て生じるスパッタリング現象は試料中の元素濃度が大幅に変わると微妙に変化するなど，元素の固体中の環境にも依存する（マトリクス効果）．このため，高精度の絶対定量解析には，各元素について既知の濃度の標準試料による SIMS データが用いられる．走査形 SIMS による微小領域分析における平面分解能は，一次イオンのビーム径でほぼ決まり，O_2^+，Cs^+，Ga^+ でそれぞれ 150 nm，50 nm，20 nm 程度の市販装置がある．

表 15・2 Si 結晶中の各種不純物に対する SIMS の典型的な検出限界濃度

一次イオン	検出元素	検出イオン	検出限界濃度 $[\mathrm{cm}^{-3}]$
Cs^+	H	$^1\mathrm{H}^-$	$5\times10^{17}\sim1\times10^{18}$
	C	$^{12}\mathrm{C}^-$	$2\times10^{16}\sim1\times10^{17}$
	N	$^{42}(\mathrm{SiN})^-$	$1\sim2\times10^{16}$
	O	$^{16}\mathrm{O}^-$	$1\sim5\times10^{17}$
	P	$^{31}\mathrm{P}^-$	$5\times10^{14}\sim1\times10^{15}$
	As	$^{75}\mathrm{As}^-$	1×10^{15}
	Sb	$^{121}\mathrm{Sb}^-$	$1\times10^{14}\sim1\times10^{15}$
O_2^+	B	$^{11}\mathrm{B}^+$	1×10^{14}
	Na	$^{23}\mathrm{Na}^+$	1×10^{14}
	Ga	$^{69}\mathrm{Ga}^+$	1×10^{15}
	In	$^{115}\mathrm{In}^+$	1×10^{14}
	Sn	$^{120}\mathrm{Sn}^+$	1×10^{15}

演習問題

1 $\boldsymbol{K}_{hkl}$ は (hkl) 面に垂直なベクトルであることを証明せよ．

2 試料の形状を図 15・2 から図 15・3 (a) に変更することより，抵抗率の測定が可能となるのみならずホール係数の評価精度も向上する．その理由について考えよ．

3 電子と正孔が両方存在する場合のホール係数を求めよ．ただし，電子の濃度と移動度をそれぞれ n, μ_n, 正孔の濃度と移動度をそれぞれを p, μ_p とする．

4 SEM 像は，材料の違いよりはむしろ試料表面の凹凸の急峻性に強く依存するのはなぜか．

5 通常 TEM で用いられる電圧 $E=50\,\mathrm{kV}\sim200\,\mathrm{kV}$ で加速された電子の波長 λ_e (式 (15・10)) の範囲を有効数字 2 桁で計算せよ．なお，$h\cong6.626\times10^{-34}\,\mathrm{J\cdot s}$, $m_0\cong9.109\times10^{-31}\,\mathrm{kg}$, $e\cong1.602\times10^{-19}\,\mathrm{C}$, $c\cong2.998\times10^8\,\mathrm{m/s}$ である．それらの単位も導出すること．また，加速電圧 $E\,[\mathrm{V}]$ が低い低速電子線回折の場合は，$\lambda_e\cong\sqrt{150/E}\,[\mathrm{Å}]$ と近似できることを示せ．

6 内殻に正孔がある場合にはオージェ電子放出と特性 X 線の放出による二者択一

的な緩和過程があるが，各緩和プロセスの概要を述べよ．次に，多くの場合，後者の過程のみが元素分析に利用されている．その理由を考察せよ．

7 結晶性の解析，元素分析や構造解析を行うための主な手法を取り上げ，その得失を述べよ．

演習問題解答

1章

1 空間の対称性には，並進対称性のほかに，回転対称性と鏡像対称性がある．空間（配置・形状）が，ある回転軸の周りに $1/n$ 回転し元の空間と完全に重なる場合は n 回対称性を，ある平面に対する鏡像が元の空間と完全に一致する場合は鏡像対称性を有しているという．

2 省略

3 省略

4 省略

2章

1 それぞれの構造について，お互いに接する場合の剛耐球の直径を d とすると，SC：$d = a$，BCC：$d = \dfrac{\sqrt{a^2 + (\sqrt{2}a)^2}}{2} = \dfrac{\sqrt{3}}{2}a$, FCC：$d = \dfrac{\sqrt{a^2+a^2}}{2} = \dfrac{\sqrt{2}}{2}a$, ダイヤモンド構造：$d = \sqrt{\left(\dfrac{a}{4}\right)^2 + \left(\dfrac{\sqrt{2}a}{4}\right)^2} = \dfrac{\sqrt{3}}{4}a$. したがって，充てん率は，SC：$\dfrac{\dfrac{4\pi}{3}\left(\dfrac{a}{2}\right)^3 \times 1}{a^3} = \dfrac{\pi}{6} \cong 0.52$, BCC：$\dfrac{\dfrac{4\pi}{3}\left(\dfrac{\sqrt{3}a}{4}\right)^3 \times 2}{a^3} = \dfrac{\sqrt{3}\pi}{8} \cong 0.68$, FCC：$\dfrac{\dfrac{4\pi}{3}\left(\dfrac{\sqrt{2}a}{4}\right)^3 \times 4}{a^3} = \dfrac{\sqrt{2}\pi}{6} \cong 0.74$, ダイヤモンド構造：$\dfrac{\dfrac{4\pi}{3}\left(\dfrac{\sqrt{3}a}{8}\right)^3 \times 8}{a^3} = \dfrac{\sqrt{3}\pi}{16} \cong 0.34$, となる．すなわち FCC が最も密であり，ダイヤモンド構造は SC よりもさらに疎である．

2 BCC 格子：$\boldsymbol{a}_1 = (-1/2, 1/2, 1/2)a$, $\boldsymbol{a}_2 = (1/2, -1/2, 1/2)a$, $\boldsymbol{a}_3 = (1/2, 1/2, -1/2)a$, FCC 格子：$\boldsymbol{a}_1 = (0, 1/2, 1/2)a$, $\boldsymbol{a}_2 = (1/2, 0, 1/2)a$, $\boldsymbol{a}_3 = (1/2, 1/2, 0)a$

3 (1) 図 2·5 に示す単位格子内に Si 原子は正味 8 個属しているので，$1\,\text{m}^3$ 内の Si 原子数 N は $N = 8/a^3 = 8/(0.5431 \times 10^{-9}) = 5.0 \times 10^{28}\,1/m^3$. (2) Si 原子 1 mol の数は N_A である．体積 $V = $ Si の密度/(Si の原子量) $= (28.085/2.42) \times 10^{-6} = 1.160 \times 10^{-5}\,m^3$. ∴ $N = N_A/V = 5.2 \times 10^{28}\,1/m^3$ となる．

4 図 2·7 を参考にすると

$$6 - \frac{12}{\sqrt{2}} + \frac{8}{\sqrt{3}} - \frac{6}{\sqrt{4}} + \frac{24}{\sqrt{5}} - \frac{24}{\sqrt{6}} - \frac{6}{\sqrt{8}} + \frac{24}{\sqrt{9}} + \frac{6}{\sqrt{9}} - \frac{24}{\sqrt{10}} + \frac{24}{\sqrt{11}} - \frac{8}{\sqrt{12}} \cong 5.29$$

となり，1.75 とは大きく異なっている．かなり多くの項を計算に取り入れる必要があることを示している．

5 省略

6 省略

7 省略

3章

1 省略（3・1 節〔1〕項の記述を参照）．

2 (1) 結晶になると安定するので，自由エネルギーの体積（固相）成分は負であり，核の固相–液相との界面では固相（バルク）より不安定状態にあり，自由エネルギーは正と考えられる．

(2) $\dfrac{d\Delta F_T}{dr} = 0$ より，$r = \dfrac{2b_{LS}}{a_{SV}} \equiv r_C$. $r > r_C$ では，r が大きくなるほど，系の自由エネルギーが下がり，安定化する．

(3) $r_C = \dfrac{2b_{LS}}{a_{SV}}$ を ΔF_T および $4\pi r^2 b_{LS}$ に代入して比較すると，ΔF_T は ΔF_T の界面（表面）成分の 1/3 であることがわかる．

3 (1) 結合が切れている原子は不安定であり，非結合手（ダングリングボンド）数は，一般にキンク位置の原子の方が，ステップ端の原子に比べ多いから．

(2) 材料 A による薄膜層と B による薄膜層とからなる超格子の場合，A の上に B を積層する場合，および B の上に A を積層する場合がヘテロエピタキシーで，A 及び B の層をそれぞれ A 及び B の上に積層する場合がホモエピタキシーである．

(3) $r_{\text{imp}} \cong 2.6 \times 10^{20} \cdot \dfrac{p}{\sqrt{MT}} \approx 2 \times 10^{14}\,\text{cm}^{-2}\cdot\text{s}^{-1}$ であり，多くの場合，1 monolayer は $10^{14}\,\text{cm}^{-2}$ オーダである．

4 (1) 省略（各 CVD 法における長所と短所をまとめる）．

(2) $B = m\omega_{\text{C}}/e \cong 0.0875\,\text{T} = 875\,\text{Gauss}$；
単位は，$\text{kg}\cdot\text{Hz/C} = \text{kg}\cdot\text{s}^{-1}\cdot(\text{A}\cdot\text{s})^{-1} = \text{A}^{-1}\cdot\text{J}\cdot\text{m}^{-2} = \text{V}\cdot\text{s}\cdot\text{m}^{-2} = \text{Wb}\cdot\text{m}^{-2} = \text{T}$
$= 10^4\,\text{Gauss}$

4章

1 省略（各自調べよ）．

2

解表 4・1

E_A 〔keV〕	As	B
30	0.021 μm	0.118 μm
300	0.184 μm	0.451 μm

3

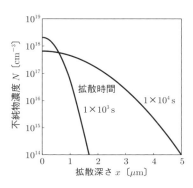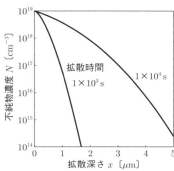

解図 4・1

4

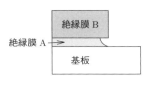

解図 4・2

5 省略（4.3 節〔6〕項の記述を参照）．

5章

1 一般に GaAs 基板に格子整合する $\text{In}_x\text{Ga}_{1-x}\text{P}$ の組成は $x = 0.48$，InP 基板に格子整合する $\text{In}_x\text{Ga}_{1-x}\text{As}$ の組成比は $x = 0.52$ である．

2 表 5·1 より GaAs 中の電子の移動度を $8\,500\,\text{cm}^2\cdot\text{V}^{-1}\cdot\text{s}^{-1}$ とすると，$\rho = \dfrac{1}{q\mu n} = 10^7$
$= \dfrac{1}{1.6 \times 10^{-19} \times 8\,500 \times n}$ より，$n = 7.3 \times 10^7\,\text{cm}^{-3}$．なお，GaAs の真性キャリヤ濃度は $1.8 \times 10^6\,\text{cm}^{-3}$ である．

3 表 5·1 より GaAs 中の電子の飽和速度を $2 \times 10^7\,\text{cm/s}$ とすると，
$t = \dfrac{L_g}{v_s} = \dfrac{0.1 \times 10^{-4}}{2 \times 10^7} = 0.5 \times 10^{-12} = 0.5\,\text{ps}$ が算出され，真性遅延時間と呼ばれている．

4 省略（5·5 節参照）．

5 式 (5·2) より，$\beta_{\max} = \left[\dfrac{I_n}{I_p}\right]_{\text{hetero}} = \left[\dfrac{I_n}{I_p}\right]_{\text{mono}} \exp\left(\dfrac{\Delta E_g}{kT}\right) = \exp\left(\dfrac{0.3}{0.026}\right) = 1.0 \times 10^5$ の大きな値が理論値で得られる．実際の β はその他の条件で大きさが制限される．

6章

1 省略（6·1 節の記述を参照）．

2 省略（6·2 節の記述を参照）．

3 Si の原子量 $= 28.1$，SiO_2 の分子量 $= 60.1$ より，酸化による膜厚変化は次式で求まる．$(60.1/2.2)/(28.1/2.33) = 2.27$，これより酸化により膜厚は約 2.2 倍になる．

4 (1) $Si_{11}N_{10}H_9$, (2) $Si_{27}N_{36}H_7$

5 省略（6·4 節の記述を参照）．

7章

1 省略

2 省略

3 省略

4 省略

8章

1 省略

2 省略

9章

1 省略

2 省略

3 省略

4 省略

5 省略

10章

1 省略

2 地表面における AM 値はその定義より，地表面に対する太陽光の入射角を θ とするとき，垂直入射の場合 (1) の $1/\sin\theta$ となるので，$\theta = 60°$ のときは 1.15 で AM1.15．太陽光の単位時間当たりの入射エネルギー密度は，AM0 で約 $140\,\text{mW/cm}^2$ から $\theta = 41.8°$ のとき AM1.5 で約 $83\,\text{mW/cm}^2$ に指数関数的に減衰するものとすると，$\theta = 60°$ では

約 $(83/140)^{1.5/1.15} \times 140\,\mathrm{mW} \fallingdotseq 94\,\mathrm{mW/cm^2}$.

3 日本列島全体で活用できる太陽光の平均エネルギーは1年間で $83\,[\mathrm{mW/cm^2}] \times 3600\,[\mathrm{s/h}] \times 1000\,[\mathrm{h}] \times 3.7 \times 10^{11}\,[\mathrm{m^2}] \fallingdotseq 1.11 \times 10^{21}\,\mathrm{J}$ である.そのうち太陽電池により電気エネルギーとして利用できるエネルギーは $0.1 \times 1.11 \times 10^{21} = 1.11 \times 10^{20}\,\mathrm{J}$ となる.したがって,$10^{19}/1.11 \times 10^{20} \fallingdotseq 0.090$,すなわち日本列島の全体の約 9% の面積に太陽電池パネルを設置する必要がある.

4 省略

5 省略

11 章

1 光子エネルギーがバンドギャップに等しいことから,$h\nu = h\dfrac{c}{\lambda} = E_g$ の関係が成立し,E_g は [eV],λ は [μm] の単位で表すことを考慮すると
$$\lambda = \frac{hc}{E_g} \cong \frac{6.6 \times 10^{-34}\,[\mathrm{J\cdot s}] \times 3.0 \times 10^{10}\,[\mathrm{cm/s}]}{E_g \times 1.6 \times 10^{-19} \times 10^{-4}} \cong \frac{1.24}{E_g}$$ が得られる.

2 略(11·3,11·4 節参照).

3 エネルギーが $h\nu$ の光子が1秒当たり n 個放出され,1 mJ の出力エネルギー P をなしているので
$$n = \frac{P}{h\nu} = \frac{P}{h\dfrac{c}{\lambda}} = \frac{1 \times 10^{-3}\,\mathrm{J}}{6.6 \times 10^{-34}\,\mathrm{J\cdot s} \times \dfrac{3 \times 10^8\,\mathrm{m\cdot s^{-1}}}{780 \times 10^{-9}\,\mathrm{m}}} = 3.9 \times 10^{15}$$

4 表面から深さ x における光の強度 $I(x)$ は,$I(x) = I_0 \exp(-\alpha x)$ で与えられる.ただし,I_0 は Si 表面の Si 側における光強度(ここでは Si 表面での光の反射は考慮していない),α は吸収係数である.この式から,光の強度が $1/e$ になる深さは $1/\alpha$ であるので,波長 400 nm においては $x = 0.1\,\mu\mathrm{m}$,1 μm では $x = 100\,\mu\mathrm{m}$ である.

5 伝送光パワーの減衰を dB で表すと,$10\log\left(\dfrac{P}{p_0}\right) = 10\log\left(\dfrac{1}{1000}\right) = -30\,\mathrm{dB}$ となる.1 km の伝送で 0.2 dB の損失が生じるので,伝送距離 L は $L = \dfrac{-30\,\mathrm{dB}}{-0.2\,\mathrm{dB/km}} = 150\,\mathrm{km}$.

12 章

1 表 12·1 に示した E_g の値を用いて,E_g の寄与分である $\exp\left(-\dfrac{E_g}{2kT}\right)$ に代入すると,Si に比べ GaN の場合は 1.7×10^{-6} のファクタで真性キャリヤ濃度が低くなることが見積もられる.概ね,図 12·1 の特性が説明できる.

2 表 12·1 の絶縁破壊電界値を用いると,厚さ $t(\mathrm{Si}) = V/E = 0.001\,[\mathrm{MV}]/0.3\,[\mathrm{MV/cm}] = 33\,\mu\mathrm{m}$,厚さ $t(\mathrm{SiC}) = 0.001\,[\mathrm{MV}]/2.8\,[\mathrm{MV/cm}] = 3.6\,\mu\mathrm{m}$.

演習問題解答

3 (1) 金属/半導体接触では電極界面で電界が最大値 $E_{\max}$ となる：

$$E_{\max} = \sqrt{\frac{2qN_D}{\varepsilon_s}\left(V_{bi} - V_r - \frac{kT}{q}\right)}$$ (ε_s：半導体の誘電率，V_{bi}：内蔵電位)．V_{bi} と kT/q は $V_r = -1\,000\,\text{V}$ に比べて十分小さいので無視．表 12·1 の誘電率を用いて計算すると，$N_D(\text{Si}) = 3.0 \times 10^{14}\,\text{cm}^{-3}$, $N_D(\text{SiC}) = 2.1 \times 10^{16}\,\text{cm}^{-3}$．空乏層幅は

$$W = \sqrt{\frac{2\varepsilon_s}{qN_D}\left(V_{bi} - V_r - \frac{kT}{q}\right)}$$ より，$W(\text{Si}) = 66\,\mu\text{m}$, $W(\text{SiC}) = 7.1\,\mu\text{m}$．

(2) $R_{\text{on}} = \rho W = \dfrac{W}{q\mu n}$ より，表 12·1 の電子の移動度および (a) で得た値を用いると

$$R_{\text{on}}(\text{Si}) = \frac{66 \times 10^{-4}\,\mu\text{m}}{1.6 \times 10^{-19}\,\text{C} \times 1\,400\,\text{cm}^2 \cdot \text{V}^{-1} \cdot \text{s}^{-1} \times 3.0 \times 10^{14}\,\text{cm}^{-3}} \cong 98\,\text{m}\Omega \cdot \text{cm}^2$$

$$R_{\text{on}}(\text{SiC}) = \frac{7.1 \times 10^{-4}\,\mu\text{m}}{1.6 \times 10^{-19}\,\text{C} \times 1\,000\,\text{cm}^2 \cdot \text{V}^{-1} \cdot \text{s}^{-1} \times 2.1 \times 10^{16}\,\text{cm}^{-3}} \cong 0.21\,\text{m}\Omega \cdot \text{cm}^2$$

4 転位が直交する方向に等間隔に並んでいるとすると，転位間の距離は転位密度の平方根になるので，$D_{\text{dis}} = 1 \times 10^8\,\text{cm}^{-2}$ の場合，$L_{\text{dis}} = 1\,\mu\text{m}$, $D_{\text{dis}} = 1 \times 10^4\,\text{cm}^{-2}$ の場合，$L_{\text{dis}} = 100\,\mu\text{m}$ となる．$100\,\mu\text{m}$ 角の領域に存在する本数は $D_{\text{dis}} = 1 \times 10^8\,\text{cm}^{-2}$ の場合 $10\,000$ 本，$D_{\text{dis}} = 1 \times 10^4\,\text{cm}^{-2}$ の場合 1 本となる．

5 省略

13 章

1 DRAM では自在にデータを書き換えできる．キャパシタに蓄積した電荷がリーク電流により放電するためリフレッシュが必要である．

SRAM でも自在にデータ書き換えできる．フリップフロップ回路によりデータ保持しており，リフレッシュ不要である．

マスク ROM では製作時に記憶するデータが決まり書き換えできない．

フラッシュメモリでも自在に書き換えできる．絶縁膜に覆われたフローティングゲートに電荷蓄積しており，リフレッシュ不要である．

2 (1) 書き換え耐性（エンデュランス，endurance）：データ書き換え可能な回数．

トンネル電流が絶縁膜を流れる際に，電子が絶縁膜中にトラップされる．その繰り返しにより電圧を印加してもトンネル絶縁膜中の電界が弱くなり，電流が流れにくくなるために書き換えができなくなる．

(2) データ保持（リテンション，retention）：記憶されたデータが失われるまでの時間．

フローティングゲート（FG）が帯電している状態では，その周辺の絶縁膜に電圧がかかった状態になっているため，FG の電荷が時間変化してデータが失われる．

3 省略

4 省略

5 アノード電極とカソード電極が内部で電子伝導により短絡されるために電子が外部回路を流れることができなくなる．

14 章

1 省略

2 省略

3 省略

4 省略

5 省略

15 章

1 例えば，$\left(-\dfrac{a}{h}+\dfrac{b}{k}\right)\cdot \boldsymbol{K}_{hkl}=0$ かつ $\left(-\dfrac{a}{h}+\dfrac{c}{l}\right)\cdot \boldsymbol{K}_{hkl}=0$ を示せばよい．

2 省略

3 電子と正孔による全電流密度 $\boldsymbol{J}$ は，電流に寄与する全電子および全正孔はそれぞれ同一の速度 $\boldsymbol{v}_e, \boldsymbol{v}_h$ で運動しているものとして運動方程式を考えると

$$\boldsymbol{J}=-ne\boldsymbol{v}_e+pe\boldsymbol{v}_h=ne\mu_e\left(\boldsymbol{E}+\boldsymbol{v}_e\times\boldsymbol{B}\right)+pe\mu_h\left(\boldsymbol{E}+\boldsymbol{v}_h\times\boldsymbol{B}\right)$$

上式より，$J_x=eE_x\left(n\mu_e+pe\mu_h\right)$，$J_y=eE_y\left(n\mu_e+p\mu_h\right)+eBE_x\left(n\mu_e^2-p\mu_h^2\right)=0$

よって，$E_y=-\dfrac{J_xB\left(n\mu_e^2-p\mu_h^2\right)}{e\left(n\mu_e+p\mu_h\right)^2}$ ∴ $R_\mathrm{H}=\dfrac{p\mu_h^2-n\mu_e^2}{e\left(n\mu_e+p\mu_h\right)^2}$

4 省略

5 式 (15·10) に与えられた数値を代入すれば，$\lambda_e\cong 0.054\,\text{Å}\sim 0.025\,\text{Å}$ となる．各数値の単位，h："J·s"，eE："J"，m_0c^2："J"，m_0eE："J$^2\cdot$s$^2\cdot$m^{-2}" より，式 (15·10) 右辺の単位は "m" が得られ，1 Å = 0.1 nm より，Å に変換する．また，低加速電圧領域では，$\dfrac{eE}{2m_0c^2}\ll 1$ より，$\dfrac{eE}{2m_0c^2}$ が無視でき，以下の近似式が得られる．近似式の電圧 E の単位は "V" である．

$$\lambda_e\cong\frac{h}{\sqrt{2m_0eE}}=\sqrt{\frac{h^2}{2m_0e}\cdot\frac{1}{E}}\cong\sqrt{\frac{150.4}{E}}\,[\times 10^{-10}\,\text{m}]\cong\sqrt{\frac{150}{E}}\,[\text{Å}]$$

6 X線は，固体内での散乱が電子に比べ，はるかに小さい（非弾性散乱平均自由行程が格段に長い）ため，必要な情報が得られるサンプリング領域が大きく，収集される信号強度も大きい．

7 省略

参考文献

■ 7 章
1) 佐藤勝昭：光と磁気（改訂版），朝倉書店 (2001)
2) 内山晋：アドバンスト・マグネティクス，培風館 (1994)
3) 平井平八郎，豊田実，桜井良文，犬石嘉雄 共編：現代電気・電子材料，オーム社 (1978)

■ 8 章
1) 内野倉國光，前田京剛，寺崎一郎：高温超伝導体の物性，培風館 (1995)
2) M. ティンカム著（小林俊一訳）：超伝導現象，産業図書 (1981)

■ 13 章
1) S.S.P. Parkin, Z.G. Li & David J. Smith：Appl. Phys. Lett. 58 (1991) 2710
2) T. Miyazaki & N. Tezuka：J. Magn. Magn. Mater. 139 (1995) L231
3) S. Yuasa, A. Fukushima, T. Nagahama, K. Ando & Y. Suzuki：Jpn. J. Appl. Phys. 43 (2004) L588
4) E.B. Myers, D.C. Ralph, J.A. Katine, R.N. Louie & R.A. Buhrman：Science 285 (2000) 865
5) K. Uchida, S. Takahashi, K. Harii, J. Ieda, W. Koshibae, K. Ando, S. Maekawa & E. Saitoh：Nature 455, 778 (2008)
6) K. Uchida, J. Xiao, H. Adachi, J. Ohe, S. Takahashi, J. Ieda, T. Ota, Y. Kajiwara, H. Umezawa, H. Kawai, G.E.W. Bauer, S. Maekawa & E. Saitoh：Nature Mater. 9, 894 (2010)

■ 14 章
1) M. Tonouchi：Cutting-edge terahertz technology, Nature Photonics 1, pp.97–105 (2007)
2) 斗内政吉：テラヘルツ技術，オーム社 (2006)
3) 斗内政吉：光物性の基礎と応用，オプトロニクス社，pp.325–342 (2006)
4) 斗内政吉：テラヘルツ波新産業，シーエムシー出版 (2011)

索 引

■ア 行■

圧電効果　　85
圧電性　　81, 85
アニール　　56
アバランシェ　　153
アバランシェフォトダイオード　　153
アモルファス　　141
アルニコ　　98
アンチストークス散乱　　213

イオン打込み　　56
イオン結合　　20
イオン注入　　56
イオン伝導体　　186
イオン分極　　79
イオン分極率　　79
移動度　　192
インターコネクタ　　187
引力的相互作用　　104

ウイグナー・サイツ（Wigner-Seitz）単位
　　格子　　16

永久磁石　　98
永久双極子モーメント　　79
永久電流　　104
液　晶　　129
液晶相　　129
液相エピタキシー　　41

エッチング　　59
エッチングマスク　　59
エネルギーギャップ　　27
エネルギーバンド　　26
エピタキシー　　40
エレクトロマイグレーション　　62
エレクトロルミネセンス　　121

応　力　　85
大きな領域における量子状態　　108
オリフラ　　49

■カ 行■

回折ピーク　　207
回転準位　　32
化学気相堆積法　　43
化学結合　　15, 20
化学的機械研磨　　63
角運動量量子数　　21
拡散係数　　58
核阻止機構　　56
化合物半導体　　66
カソードルミネセンス　　212
価電子　　23
価電子帯　　26
価電子帯不連続量　　70
渦電流　　98
渦電流損失　　97
カーボンナノチューブ　　201, 204
カラミティック液晶　　129

索　引

緩和周波数　80

起電力　141
軌道角運動量　93
希土類磁石　98
機能性高分子　125
揮発性　173
揮発性メモリ　173
基本単位格子　16
逆圧電効果　85
キャリヤ　9
吸光度　211
吸収係数　211
キュリー温度　82
キュリー定数　94
キュリーの法則　94
キュリー・ワイスの法則　83, 95
強磁性　94
凝集エネルギー　20
共鳴周波数　80
共鳴トンネルダイオード　196
共有結合　20, 23
強誘電相　82
強誘電体　81
巨大磁気抵抗　99
巨大磁気抵抗効果　100
キラリティ　129
キラルスメクチック相　130
キラルネマチック　129
禁制帯　27
金属結合　20, 25

空間群　15
空間格子　15
クーパー対　104, 107

クラッド　154
グラファイト　201
グラフェン　201, 202
クーロン力　20

結晶　15
結晶構造　15
結晶構造因子　207
原子散乱因子　207
原子磁石　96
原子層エピタキシー　43

コア　154
交換相互作用　100
交換力　23
光合成　141
硬質磁性材料　97
硬質磁性体　98
格子定数　16
格子点　15
高次フラーレン　202
格子面　17
合成高分子　124
高性能高分子　125
高速イオン伝導体　186
抗電界　81
光電素子　152
光電変換効率　141
高透磁率　97
高分子液晶　130
コジェネレーション　188
固体酸化物形燃料電池　185
固体電解質　186
コヒーレンス長　110
コヒーレント状態　109

固溶限　　*51*
固溶度　　*51*
コレステリック相　　*129*
混成軌道　　*24*

■ **サ　行** ■

最高被占準位　　*29*
最低空準位　　*29*
差周波　　*195*
サーモトロピック液晶　　*129*
酸化・還元　　*141*
酸化物イオン　　*186*
酸化マンガン　　*99*
残留磁化　　*96*
残留損失　　*97, 98*
残留分極　　*81*

シェラーの式　　*208*
磁界侵入長　　*110*
磁化率　　*93*
時間領域計測　　*192*
磁気光学効果　　*96*
磁気光カー効果　　*101*
色素増感形太陽電池　　*140*
色素分子　　*141*
色素レーザ　　*120*
磁気量子数　　*21*
磁　区　　*96*
磁性ガーネット　　*100*
自然模倣形　　*141*
磁束の量子化　　*103*
磁束量子　　*105*
自発磁化　　*94*
自発分極　　*81*
磁　壁　　*96*

充満帯　　*27*
受光素子　　*152*
主量子数　　*21*
シュレディンガーの方程式　　*21*
純スピン流　　*184*
晶　系　　*16*
常磁性　　*94*
状態密度のスピン偏曲率　　*181*
焦電係数　　*86*
焦電性　　*81, 85*
常誘電キュリー温度　　*83*
常誘電相　　*82*
初磁化曲線　　*94*
ジョセフソン効果　　*103, 106*
ショットキー障壁　　*61*
ショットキーダイオード　　*197*
シリコン　　*19, 141*
真性キャリヤ　　*159*
振動準位　　*32*

水素結合　　*20*
ストークス散乱　　*213*
スピネルフェライト　　*98*
スピン角運動量　　*93*
スピンゼーベック効果　　*183*
スピン注入磁化反転　　*181*
スピントロニクス　　*177*
スピンバルブ　　*99, 178*
スピン偏極電流　　*181*
スピン流　　*182–184*
スピン量子数　　*21*
スメクチック相　　*129*
スライシング　　*50*

制動放射　　*206*

索　引

整流　195
セパレータ　187
零電気抵抗　103
遷移金属　97
全角運動量　93

双極子-双極子相互作用　84
双極子モーメント　78
相変化メモリ　176

■タ 行■

第一種超電導体　110
対極　142
対称性　16
第二種超電導体　110, 111
ダイヤモンド　201
ダイヤモンド構造　4
帯融精製法　39
太陽電池　132
多層カーボンナノチューブ　204
単位格子　15
単位構造　15
単結晶　141
単層カーボンナノチューブ　204
単量体　124

秩序無秩序形　83
チャネリング　57
超イオン伝導体　186
超交換相互作用　96
超電導転移温度　104
超電導ミキサ　112

低温成長（LT-）GaAs　193
ディスコティック液晶　129

ディラックコーン　203
ディラック点　203
テラヘルツ時間領域分光法　190
テラヘルツ電磁パルス　191
電圧標準　111
電荷密度　192
点群　81
電子阻止機構　56
電子分極　78
電子分極率　79
伝導帯　27
伝導帯不連続量　70
伝導電子　25
天然高分子　124
電流のスピン偏極率　184

導電性ガラス基板　142
導電性高分子　127
特性温度　83
特性X線　206
ドメイン　96
トンネル現象　106
トンネル効果　107
トンネル磁気抵抗　178

■ナ 行■

ナノカーボン材料　201
軟質磁性材料　97

二酸化チタン　141
二次の非線形効果　194

熱可塑性樹脂　124
熱硬化性樹脂　124
ネマチック相　129

ネール温度　　95, 96
燃料電池　　185

ノッチ　　49

■ハ　行■

配向分極　　78, 79
パウリの排他律　　21
白色X線　　206
薄　膜　　7
発光ダイオード　　146
パーマロイ　　98
反強磁性　　94
反強誘電性　　84
反強誘電体　　84
半硬質磁性材料　　97
半絶縁性半導体　　193
反転対称中心　　81
反応性イオンエッチング　　60
反平行スピン　　23

光起電力効果　　152
光整流　　195
光伝導アンテナ　　193
光導波路　　154
光劣化現象　　137
引上げ法　　34
ヒステリシス損失　　97
ひずみ　　85
非線形結晶　　193, 194
非線形光学係数　　195
非線形光学効果　　157
左手系材料　　200
飛　程　　57
比透磁率　　94

表面増強ラマン散乱　　199
表面プラズモン　　199
表面プラズモン共鳴　　199
表面プラズモンポラリトン　　199

ファラデー回転　　96
ファラデー効果　　100
ファンデアポー法　　210
ファンデルワールス結合　　20
フィックの第一法則　　58
フィックの第二法則　　58
フェムト秒レーザ　　191
フェライト　　98
フェリ磁性　　95
フェロ磁性　　95
フォトカプラ　　153
フォトセル　　152
フォトニック結晶材料　　197
フォトマスク　　55
フォトリソグラフィ　　54
フォトルミネセンス　　212
フォトレジスト　　54
負　荷　　141
不揮発性　　173
不揮発性メモリ　　173
複素屈折率　　192
複素導電率　　192
複素比誘電率　　80
負屈折率材料　　200
不純物濃度　　58
負性微分抵抗　　196
浮遊帯域法　　34, 36
プラズマエッチング　　60
プラズモン　　198
ブラッグ条件　　207

索　引

ブラッグ父子　*206*
フラッシュメモリ　*174*
ブラベー格子　*4, 16*
フラーレン　*201, 202*
ブリッジマン法　*37*
フレンケル対　*56*
プロトン　*186*
分光学的分裂因子　*93*
分子線エピタキシー　*42*
フントの法則　*93*

平行スピン　*23*
ヘテロ接合　*70*
ベルデ定数　*97*
ペロブスカイト構造　*83*
変位形　*83*
変位分極　*78*
偏析係数　*39*

飽和磁化　*94*
保持力　*94*
ポッケルス係数　*195*
ホモ接合　*70*
ポリッシング　*50*
ホール係数　*209*
ホール効果　*208*
ボロメータ　*197*

■マ　行■

マイスナー効果　*103, 105, 110*
膜電極接合体　*188*
マグネタイト　*99*
マスクROM　*174*

ミラー指数　*18*

無定形炭素　*201*

メタマテリアル　*200*

モノマー　*124*
モル吸光係数　*211*

■ヤ　行■

有機半導体材料　*117*
有機光導電体　*118*
誘電異方性　*131*
誘電正接　*80*
誘電損角　*81*
誘電損失　*80*
誘電分散　*80*

■ラ　行■

ラウエ　*15*
ラウエ関数　*207*
ラウエの回折条件　*207*
ラッピング　*50*
ラマン散乱　*213*
ラマンシフト　*213*
ラマン分光法　*213*
ランデの g 因子　*93*

リオトロピック液晶　*129*
リフレッシュ　*173*
粒子の集団を波として取り扱う　*108*
量子状態　*21*
臨界電流　*104*

ルミネセンス　*212*

励　起　*27, 142*

レイリー散乱　*213*
レナード・ジョーンズポテンシャル　*20*
レントゲン　*206*

ローレンツ力　*208*
ロンドン侵入長　*105*

■英字■

Beer の法則　*211*

CZ 法　*34*

DRAM　*173*

EEPROM　*174*

FeRAM　*175*
FZ 法　*36*

Lambert の法則　*211*
LSS 理論　*57*

LT-GaAs　*194*

MCZ 法　*36*
MOVPE　*46*
MRAM　*175*
MTJ　*176*

P-E ヒステリシス　*81*
P-E 履歴曲線　*81*
PROM　*174*

RAM　*173*
ReRAM　*176*
ROM　*173*

SRAM　*173*

THz 量子カスケードレーザ　*196*
TMR スピンバルブ　*178*

YIG　*100*

〈編者・著者略歴〉

伊藤利道（いとう　としみち）
- 1975 年　大阪大学工学部電気工学科卒業
- 1985 年　大阪大学大学院工学研究科電気工学専攻博士後期課程修了
- 同　年　工学博士
- 現　在　大阪大学大学院工学研究科電気電子情報工学専攻教授

吉門進三（よしかど　しんぞう）
- 1976 年　同志社大学工学部電気工学科卒業
- 1978 年　電気通信大学大学院電気通信学研究科材料科学専攻修士課程修了
- 1994 年　博士（工学）
- 現　在　同志社大学理工学部電子工学科教授

尾﨑雅則（おざき　まさのり）
- 1983 年　大阪大学工学部電気工学科卒業
- 1988 年　大阪大学大学院工学研究科電気工学専攻博士後期課程修了
- 同　年　工学博士
- 現　在　大阪大学大学院工学研究科電気電子情報工学専攻教授

鷲尾勝由（わしお　かつよし）
- 1979 年　神戸大学工学部電子工学科卒業
- 1981 年　神戸大学大学院工学研究科電子工学専攻修士課程修了
- 1991 年　工学博士
- 現　在　東北大学大学院工学研究科電子工学専攻教授

塩島謙次（しおじま　けんじ）
- 1992 年　東京都立大学大学院電気工学専攻博士課程修了
- 同　年　博士（工学）（東京都立大学大学院電気工学専攻）
- 現　在　福井大学大学院工学研究科電気・電子工学専攻准教授

斗内政吉（とのうち　まさよし）
- 1983 年　大阪大学基礎工学部電気工学科卒業
- 1988 年　大阪大学大学院基礎工学研究科物理系専攻博士後期課程修了
- 同　年　工学博士
- 現　在　大阪大学レーザーエネルギー学研究センター教授

- 本書の内容に関する質問は，オーム社書籍編集局「（書名を明記）」係宛に，書状またはFAX（03-3293-2824），E-mail（shoseki@ohmsha.co.jp）にてお願いします．お受けできる質問は本書で紹介した内容に限らせていただきます．なお，電話での質問にはお答えできませんので，あらかじめご了承ください．
- 万一，落丁・乱丁の場合は，送料当社負担でお取替えいたします．当社販売課宛にお送りください．
- 本書の一部の複写複製を希望される場合は，本書扉裏を参照してください．

JCOPY ＜（社）出版者著作権管理機構　委託出版物＞

OHM大学テキスト
電気電子材料

平成 28 年 1 月 25 日　　第 1 版第 1 刷発行

編 著 者　伊藤利道
発 行 者　村上和夫
発 行 所　株式会社 オ ー ム 社
　　　　　郵便番号　101-8460
　　　　　東京都千代田区神田錦町3-1
　　　　　電話　03(3233)0641(代表)
　　　　　URL http://www.ohmsha.co.jp/

© 伊藤利道 2016

印刷・製本　三美印刷
ISBN978-4-274-21678-7　Printed in Japan

新インターユニバーシティシリーズ のご紹介

- 全体を「共通基礎」「電気エネルギー」「電子・デバイス」「通信・信号処理」「計測・制御」「情報・メディア」の6部門で構成
- 現在のカリキュラムを総合的に精査して,セメスタ制に最適な書目構成をとり,どの巻も各章1講義,全体を半期2単位の講義で終えられるよう内容を構成
- 実際の講義では担当教員が内容を補足しながら教えることを前提として,簡潔な表現のテキスト,わかりやすく工夫された図表でまとめたコンパクトな紙面
- 研究・教育に実績のある,経験豊かな大学教授陣による編集・執筆

●――― 各巻 定価(本体2300円【税別】)

電子回路
岩田 聡 編著 ■ A5判・168頁

【主要目次】 電子回路の学び方／信号とデバイス／回路の働き／等価回路の考え方／小信号を増幅する／組み合わせて使う／差動信号を増幅する／電力増幅回路／負帰還増幅回路／発振回路／オペアンプ／オペアンプの実際／MOSアナログ回路

ディジタル回路
田所 嘉昭 編著 ■ A5判・180頁

【主要目次】 ディジタル回路の学び方／ディジタル回路に使われる素子の働き／スイッチングする回路の性能／基本論理ゲート回路／組合せ論理回路(基礎／設計)／順序論理回路／演算回路／メモリとプログラマブルデバイス／A-D, D-A変換回路／回路設計とシミュレーション

電気・電子計測
田所 嘉昭 編著 ■ A5判・168頁

【主要目次】 電気・電子計測の学び方／計測の基礎／電気計測(直流／交流)／センサの基礎を学ぼう／センサによる物理量の計測／計測値の変換／ディジタル計測制御システムの基礎／ディジタル計測制御システムの応用／電子計測器／測定値の伝送／光計測とその応用

システムと制御
早川 義一 編著 ■ A5判・192頁

【主要目次】 システム制御の学び方／動的システムと状態方程式／動的システムと伝達関数／システムの周波数特性／フィードバック制御系とブロック線図／フィードバック制御系の安定解析／フィードバック制御系の過渡特性と定常特性／制御対象の同定／伝達関数を用いた制御系設計／時間領域での制御系の解析・設計／非線形システムとファジィ・ニューロ制御／制御応用例

パワーエレクトロニクス
堀 孝正 編著 ■ A5判・170頁

【主要目次】 パワーエレクトロニクスの学び方／電力変換の基本回路とその応用例／電力変換回路で発生するひずみ波形の電圧,電流,電力の取扱い方／パワー半導体デバイスの基本特性／電力の変換と制御／サイリスタコンバータの原理と特性／DC-DCコンバータの原理と特性／インバータの原理と特性

電気エネルギー概論
依田 正之 編著 ■ A5判・200頁

【主要目次】 電気エネルギー概論の学び方／限りあるエネルギー資源／エネルギーと環境／発電機のしくみ／熱力学と火力発電のしくみ／核エネルギーの利用／力学的エネルギーと水力発電のしくみ／化学エネルギーから電気エネルギーへの変換／光から電気エネルギーへの変換／熱エネルギーから電気エネルギーへの変換／再生可能エネルギーを用いた種々の発電システム／電気エネルギーの伝送／電気エネルギーの貯蔵

電力システム工学
大久保 仁 編著 ■ A5判・208頁

【主要目次】 電力システム工学の学び方／電力システムの構成／送電・変電機器・設備の概要／送電線路の電気特性と送電容量／有効電力と無効電力の送電特性／電力システムの運用と制御／電力系統の安定化／電力システムの故障計算／過電圧とその保護・協調／電力システムにおける開閉現象／配電システム／直流送電／環境にやさしい新しい電力ネットワーク

固体電子物性
若原 昭浩 編著 ■ A5判・152頁

【主要目次】 固体電子物性の学び方／結晶を作る原子の結合／原子の配列と結晶構造／結晶による波の回折現象／固体中を伝わる波／結晶格子原子の振動／自由電子気体／結晶内の電子のエネルギー帯構造／固体中の電子の運動／熱平衡状態における半導体／固体での光と電子の相互作用

もっと詳しい情報をお届けできます。
◎書店に商品がない場合または直接ご注文の場合は右記宛にご連絡ください。

ホームページ http://www.ohmsha.co.jp/
TEL／FAX TEL.03-3233-0643 FAX.03-3233-3440

(定価は変更される場合があります)